果蔬贮藏
与加工技术研究

张洪礼 / 著

武汉理工大学出版社
·武汉·

内 容 提 要

蔬菜瓜果是中国人饮食的重要组成部分,但蔬菜瓜果运输和贮存造成的损失率极高。为了降低果蔬的损失率,研究和开发健康高效的保鲜方法是极其重要的。本书以果蔬贮藏保鲜与加工工艺为主线,以典型果蔬产品的贮藏与加工为载体,在分析我国果蔬贮藏与加工产业发展现状与趋势的基础上,对果蔬贮藏基础知识、果蔬贮藏与管理的具体技术方法、常见果蔬贮藏保鲜实用技术、果蔬加工基础知识、果蔬加工实用新技术等进行了重点阐述。本书内容丰富,理论性和实用性兼顾,可供高等院校食品科学与工程、园艺、农学等专业的相关师生,以及果蔬贮藏和加工领域相关从业人员参考阅读。

图书在版编目 (CIP) 数据

果蔬贮藏与加工技术研究 / 张洪礼著 . -- 武汉 :

武汉理工大学出版社, 2024. 10. -- ISBN 978-7-5629

-7282-2

Ⅰ. TS255.3

中国国家版本馆 CIP 数据核字第 2024X86V60 号

责任编辑: 严　曾
责任校对: 尹珊珊　　　　**排　　版:** 任盼盼
出版发行: 武汉理工大学出版社
社　　址: 武汉市洪山区珞狮路 122 号
邮　　编: 430070
网　　址: http://www.wutp.com.cn
经　　销: 各地新华书店
印　　刷: 北京亚吉飞数码科技有限公司
开　　本: 710×1000　1/16
印　　张: 14
字　　数: 222 千字
版　　次: 2025 年 4 月第 1 版
印　　次: 2025 年 4 月第 1 次印刷
定　　价: 96.00 元

前　言
PREFACE

　　果蔬作为人类日常饮食的重要组成部分,其新鲜度和营养价值直接关系着人们的健康和生活质量。随着农业技术的发展和种植规模的扩大,我国果蔬产量不断增加,然而贮藏与加工技术的相对滞后成为制约果蔬产业发展的重要因素。同时,消费者对食品安全和品质的要求也越来越高,对果蔬产品的需求也呈现出多样化的趋势。因此,研究果蔬贮藏与加工技术具有重要的意义。

　　一方面,传统的果蔬贮藏与加工技术存在诸多局限性,如贮藏时间短、保鲜效果差、加工品质不稳定等,无法满足现代消费者对高质量食品的需求。另一方面,随着科技的发展,新型贮藏与加工技术不断涌现,为果蔬保鲜和加工提供了新的解决方案。同时,大数据、人工智能、物联网等技术的发展也为果蔬贮藏与加工技术的智能化提供了可能,有望实现对贮藏环境的精准调控和对加工过程的实时监控,以提高果蔬的保鲜效果和加工品质。

　　本书旨在全面系统地介绍果蔬贮藏与加工的基础知识和实用技术。全书共分为六章,内容涵盖了从果蔬贮藏与加工的意义、产业现状到技术发展趋势的概述,果蔬贮藏的基础知识,包括品质构成、采前影响因素、采后控制与管理等,以及果蔬贮藏与管理的具体技术方法,如自然温度贮藏、机械冷藏、气调贮藏等。此外,本书还详细介绍了常见果蔬的贮藏保鲜实用技术,以及果蔬加工的基础知识,包括加工原理、原料选择、水质要求等,并重点阐述了果蔬加工的实用新技术,如鲜切果蔬加工、果蔬汁加工、果蔬干制品加工等。

　　希望本书能够使读者全面了解果蔬贮藏与加工的基础知识和先进技术,掌握果蔬保鲜与加工的原理和方法,为提升果蔬产业的效率、保障食品安全、满足市场需求提供有力的技术支持。

在本书撰写过程中,作者参考了果蔬贮藏、保鲜、加工等相关方面的著作及研究成果,在此,向这些学者致以诚挚的谢意。由于作者的水平和时间所限,书中不足之处在所难免,恳请读者批评指正。

作　者

2024 年 7 月

目　录

CONTENTS

第1章
绪　论

　　果蔬不仅是人们日常生活中不可或缺的食品,还是食品工业的重要基石。它们作为人类健康的营养源泉,为人体提供了丰富的维生素、矿物质和膳食纤维,是维持健康生活的重要食源。同时,果蔬以其自然独特的颜色、香气、口感、形态和质地,给消费者带来了愉悦的感官体验和审美享受。随着经济的快速增长和社会文明的进步,人们对于食品的消费观念也在发生变化,越来越注重食品的营养和健康价值。在这样的背景下,新鲜果蔬自然成了消费者的首选。这不仅有助于减少浪费,还能为我国的农业产业化增添新的活力,从而促进经济的持续增长。

1.1　果蔬贮藏与加工的意义

果蔬加工是一个以新鲜果蔬为原料的综合性生产过程,它依据果蔬的理化特性,运用不同的加工技术和方法,旨在消除或抑制果蔬中的有害微生物,同时保持或提升果蔬的食用品质。这个过程涉及将原始果蔬转化为各种不同于新鲜状态的制品,如罐头、果汁、蜜饯等。果蔬加工的根本任务是通过精心设计的工艺处理,确保果蔬能在一定时间内保持新鲜、不易变质,方便消费者随时取用。

1.1.1 减少果蔬的损失,更好地满足人民生活需要

果蔬在采收后,面临着多重挑战,包括生理衰老、病菌害以及机械损伤等,这些因素都可能导致其迅速腐烂变质。据统计,全球范围内,由于保鲜技术的不足或缺失,果蔬的损失率高达 20% ~ 40%,这是一个惊人的数字,意味着大量的食物资源被浪费。

在我国,果蔬贮藏加工业的发展相对滞后,导致每年有高达 8000 万吨的果蔬在流通过程中腐烂,其直接经济损失约 800 亿元。这不仅是对食物资源的极大浪费,也影响了果蔬产业的可持续发展。

果蔬贮藏保鲜技术的重要性不言而喻。通过创造适宜的贮藏条件,如控制温度、湿度、气体成分等,可以有效减缓果蔬的生理衰老过程,抑制病菌的生长和繁殖,减少机械损伤带来的负面影响,从而将果蔬的生命活动控制在最低限度,大大延长其保存期限。

与此同时,果蔬加工也是提高果蔬附加值、满足消费者多样化需求的重要途径。通过先进的加工技术,可以将果品资源转化为营养丰富、口味独特、花色品种多样的产品,如罐头、果汁、果酱、蜜饯等。这些产品不仅丰富了人们的饮食选择,也满足了人民群众日益增长的物质和消费需求,从而更好地服务大众生活。

因此,加强果蔬贮藏保鲜和加工技术的研究与应用,对于减少食物浪费、提高果蔬产业的综合效益、满足人民群众的消费需求都具有重要意义。同时,这也是推动农业可持续发展、实现乡村振兴战略的重要举措之一。

1.1.2 提高果蔬产品附加值,是增加农民收入的重要途径

加入 WTO(世界贸易组织)以来,我国农业发展迎来了前所未有的机遇,但同时也面临着诸多挑战,特别是果蔬业在面对绿色贸易壁垒时显得尤为突出。随着国际贸易的日益开放和竞争的加剧,来自国际果蔬贮藏与加工企业的竞争压力逐渐增大。在这样的背景下,我国的果蔬业不仅要保持数量和规模上的优势,更要注重质量的提升。

我国果蔬业的发展不能仅仅局限于鲜食和初加工农产品的市场供给,更应该加大深加工农产品的研发和生产力度。深加工农产品不仅具有更高的附加值,还能满足消费者多样化的需求,提高我国果蔬产品的国际竞争力。

当前,我国果蔬总产量虽位居世界首位,但贮藏、保鲜及加工能力相对较低,绝大部分果蔬产品仍然以鲜销为主。然而,一般果蔬产品的鲜销价格往往明显低于经过保藏处理或加工的产品。这是因为经过加工处理的果蔬产品不仅延长了保质期,还增加了产品的附加值,从而提高了产品的市场竞争力。

市场调查数据显示,果蔬鲜销、贮藏与加工的投入产出比大致为1∶10。这意味着通过采用适当的保鲜加工处理,可以显著提高果蔬产品的附加值,实现果蔬产业良好的经济效益。这不仅有助于增加农民的收入,还能推动农业产业化的升级和转型。

因此,面对国际果蔬市场的竞争和绿色贸易壁垒的挑战,必须加强果蔬贮藏保鲜和加工技术的研究与应用,提高我国果蔬产品的质量和附加值。同时,还应注重培育具有自主知识产权的果蔬品种,打造具有国际竞争力的果蔬品牌,推动我国果蔬产业向更高层次发展。

1.1.3 果蔬贮藏与加工是农业生产的延伸,能够促进果蔬业持续健康发展

近年来,随着水果栽培技术的不断进步和种植面积的扩大,果蔬产

量呈现大幅度上升的趋势。然而,这种产量的激增也带来了市场需求结构的根本性变化。多数水果和少数蔬菜的供应已经由过去的卖方市场转变为买方市场,从供不应求转变为供过于求,甚至出现了季节性过剩或总体过剩的现象。这种市场失衡不仅导致了果蔬价格的持续下滑,也严重损害了果农和菜农的经济利益,挫伤了他们的生产积极性。

这种生产和消费之间的矛盾对于农业产业化和果蔬种植业的长远发展构成了严重威胁。为了解决这一矛盾,需要从多个方面入手,打破消费时节和消费方式的限制,使产品的消费渠道和消费方式更加多样化。

首先,通过果蔬的贮藏技术,可以有效地延长果蔬的保鲜期,使其在非生产季节也能供应市场,从而缓解季节性过剩的问题。同时,贮藏技术的应用还能减少果蔬在运输和储存过程中的损耗,提高整体的经济效益。其次,通过深加工,可以将果蔬转化为罐头、果汁、果酱等多样化的产品,满足消费者不同的口味和需求。这不仅增加了产品的附加值,还拓宽了消费渠道,拉长了消费链条,使果蔬产品能够在更广泛的领域得到应用。此外,还需要优化消费环节,提高果蔬产品的市场竞争力,包括加强品牌建设、提升产品质量、加强市场营销和推广等方面的工作。通过这些措施,可以使果蔬产品更加符合市场需求,从而提高消费者的购买意愿和忠诚度。

总之,果蔬的贮藏与加工是解决果蔬生产和消费矛盾的重要途径。通过应用先进的贮藏技术和加工技术,可以有效地调节市场余缺,缓解产销矛盾,促进果蔬业的持续健康发展。同时,还需要从多个方面入手,优化消费环节,提高果蔬产品的市场竞争力,为农业产业化和果蔬种植业的长远发展奠定坚实的基础。

1.1.4 促进果蔬规模化发展,提高产品的国际竞争力

果蔬贮藏与加工业的发展对农业产业链的推动作用不容忽视,它直接促进了果蔬栽培业的规模化发展。这是因为大规模的加工生产需要稳定的、高质量的原料供应,这就要求果蔬栽培业必须向规模化、标准化、集约化的方向发展,以满足加工企业的需求。这种规模化发展不仅提高了果蔬的产量和质量,还降低了生产成本,增强了农业生产的竞争力。

果蔬保鲜与加工业的发展也是现代化农业发展的必然趋势。随着人们生活水平的提高和消费结构的升级,对果蔬产品的需求越来越多样化和个性化。这就要求果蔬加工企业必须具备先进的加工技术和设备,通过高科技手段提高产品的质量和附加值。同时,保鲜技术的应用可以延长果蔬的保鲜期,满足消费者对新鲜、健康食品的需求。

果蔬加工产业的发展对于我国农业经济的贡献是多方面的。首先,它提高了农产品的附加值。经过加工的果蔬产品不仅口感更好、营养价值更高,而且价格也更高,从而增加了农民的收入。其次,加工产业的发展还带动了相关产业的发展,如包装、运输、销售等,形成了完整的产业链,促进了农业经济的多元化发展。

此外,果蔬加工产业的发展还有利于提升我国农产品的国际竞争力。通过加工技术的提升和产品的创新,可以充分发挥我国农产品的优势,提高产品的技术含量和附加值,缩小与发达国家的差距。这不仅可以满足国内市场的需求,还可以进一步拓展国际市场,提高我国果蔬的国际竞争力和出口创汇能力。

1.2 我国果蔬贮藏与加工产业的现状

中国作为拥有悠久果蔬种植历史和丰富资源的国家,被誉为"世界园林之母",是多种果蔬的发源中心之一。长久以来,我国在果蔬生产领域始终占据着举足轻重的地位。特别是在改革开放后,以经济建设为中心的战略方针指引下,我国果蔬产业蓬勃发展,种植面积迅速扩大,产量逐年攀升。如今,我国果蔬总产量已稳居世界前列,成为名副其实的果蔬原料生产大国。特别是苹果、梨、柑橘、桃和油桃、枣、板栗、大蒜等特色果蔬品种,不仅在国内市场上备受青睐,而且在国际上也享有极高的声誉。

1.2.1 取得的成绩

近年来,我国在果蔬贮藏与加工业方面取得了显著的成绩,这一行业在我国农产品贸易中扮演着至关重要的角色,占据着举足轻重的地位。

1.2.1.1 果蔬种植已形成优势产业带

改革开放以来,特别是 1984 年我国放开果品购销价格,实行多渠道经营后,极大地激发了广大果区农民的生产积极性。自此,全国果蔬生产进入了一个连续几十年的高速发展期,展现出了强劲的发展势头。如今,中国已经稳坐世界第一大果品蔬菜生产国的宝座,无论是水果还是蔬菜的总产量,都稳居世界首位。

在果蔬贮藏方面,我国形成了几个特色明显的区域。例如,山东的苹果、酥梨和蒜薹贮藏,河南的蒜薹和大蒜贮藏,河北的鸭梨贮藏,以及陕西和山西的苹果贮藏等,都展现出了各自独特的优势。这些地区通过建设冷库群,有效地延长了果蔬的保鲜期,为市场提供了稳定、高质量的果蔬供应。

在果蔬加工方面,我国的产业布局也颇具特色。脱水果蔬加工主要集中在东南沿海省份以及宁夏、甘肃等西北地区,这些地区的气候条件适宜果蔬脱水加工,且靠近港口,便于产品出口。而果蔬罐头和速冻果蔬加工则主要分布在东南沿海地区,这些地区拥有先进的加工技术和设备,能够快速将新鲜果蔬加工成罐头和速冻产品,以满足国内外市场的需求。

在直饮型果蔬及其饮料加工方面,北京、上海、浙江、天津和广州等省市成了主要的加工基地。这些地区拥有庞大的消费市场和先进的加工技术,能够生产出口感鲜美、营养丰富的直饮型果蔬及其饮料产品,满足消费者对健康、便捷饮品的需求。

1.2.1.2 贮藏与加工技术和装备水平明显提高

近年来,我国在果蔬贮藏领域取得了显著的进步,不仅贮藏理论不断完善,而且技术和手段也得到了极大的发展。机械制冷贮藏技术已经广泛应用于各类果蔬的贮藏过程中,通过精确控制温度和湿度,有效地延长了果蔬的保鲜期。同时,保鲜剂和涂膜保鲜技术也已被广泛采用,这些技术能够减少果蔬在贮藏过程中的水分蒸发和营养流失,保持果蔬的新鲜度和口感。

除了现代技术的应用,我国还保留着传统的窖藏方式,这种传统技术与现代科技的结合为果蔬贮藏提供了更多选择。值得一提的是,先进的气调贮藏技术在我国也开始得到应用。这种技术通过调节贮藏环境中的气体成分,控制果蔬的呼吸作用,进一步延长了果蔬的保鲜期。

目前,我国果品总贮量已经占总产量的 25% 以上,商品化处理量也达到了约 10%。这一成绩的取得得益于我国果蔬贮藏技术的不断进步和应用。同时,果蔬采后损耗率也降至 25% 左右,表明我国在果蔬采后处理方面取得了显著成效。这些成果使我国能够基本实现大宗果蔬产品的南北调运与全年供应,满足了市场需求。

在果蔬汁加工领域,我国也取得了显著进展。高效榨汁技术、高温瞬时杀菌技术、无菌包装技术、酶液化与澄清技术、膜技术等先进技术已经广泛应用于生产中。这些技术的应用不仅提高了果蔬汁的产量和品质,而且保证了产品的安全性和卫生性。我国打入国际市场的高档脱水蔬菜大都采用真空冻干技术生产,这种技术能够最大限度地保留蔬菜的营养成分和口感。此外,微波干燥和远红外干燥技术也在少数企业中得到应用,为果蔬加工提供了更多选择。

在果蔬速冻方面,我国也取得了显著进步。速冻的形式由整体的大包装转向经过加工鲜切处理后的小包装,这种转变使产品更加便于储存和运输。同时,冻结方式也开始广泛应用以空气为介质的吹风式冻结装置、管架冻结装置、可连续生产的冻结装置、二流态化冻结装置等。这些装置使冻结的温度更加均匀,生产效益更高。

在果蔬物流领域,气调保鲜包装(Modified Atmosphere Packaging,MAP)技术和气调贮藏(Controlled Atmosphere Storage,CA)技术也得到了广泛应用。这些技术能够有效地延长果蔬的保鲜期,减少在运输和储存过程中的损耗。同时,这些技术的应用也提高了果蔬产品的附加值和市场竞争力。

1.2.1.3 国际市场优势日益明显

在农产品出口贸易中,果蔬加工品一直扮演着举足轻重的角色。这些加工品不仅丰富了国际市场的供应,也为我国农业带来了可观的经济收益。

在果蔬汁加工领域,我国的苹果浓缩汁生产能力尤为突出,已经达到了 100 万吨以上,居世界首位。这一成就不仅体现了我国果蔬加工技术的先进性和规模优势,也显示了我国在全球果蔬汁市场中的影响力。番茄酱作为我国果蔬加工品中的另一大亮点,其产量和出口量也位居世界前列。

在果蔬罐头产品方面,我国在国际市场上已经占据了绝对的优势和相当大的市场份额。每年我国生产各种罐头近千万吨,特别是水果蔬菜罐头,约占罐头总产量的 80%,其中橘子罐头、蘑菇罐头和芦笋罐头等产品在国际贸易中占据了主导地位。

在脱水蔬菜领域,我国的出口量居世界第一。脱水蔬菜作为一种方便、易储存的蔬菜制品,深受国内外消费者的喜爱。

速冻果蔬产品也是我国农产品出口贸易中的亮点之一。速冻蔬菜作为主要产品,占速冻果蔬总量的 80% 以上。这些产品以甜玉米、芋头、菠菜、芦笋、青刀豆、马铃薯、胡萝卜和香菇等 20 多个品种为主,凭借其新鲜、健康、方便的特点,受到了欧美国家及日本消费者的青睐,充分展现出了我国速冻果蔬产业的强大潜力和市场竞争力。

1.2.2 问题与差距

尽管我国的果蔬加工产业在贮藏与加工能力、技术水平、硬件装备以及国内外市场拓展等方面取得了显著的进步和快速的发展,但与国际先进水平相比,我们仍面临不小的差距和挑战。

1.2.2.1 果蔬采后处理能力及市场竞争力不足

尽管我国果蔬产量巨大,位居世界前列,但长期以来,我们过于注重采前栽培和病虫害的防治,却忽视了采后贮运及产地基础设施建设的重要性。这导致了一系列问题,如产地果蔬的分选、分级、清洗、预冷、冷藏和运输等环节处理不当,使水果在采后流通过程中的损失相当严重。

此外,我国农产品产后产值与采收自然产值之比仅为 0.38：1,而美国和日本分别为 3.7：1 和 22：1。这说明我们在果蔬的深加工和附加值提升方面还有很大的空间。事实上,我国 90% 以上的水果主要用于鲜销,而发达国家则有 40% ~ 70% 的水果用于加工,个别国家的加工量甚至占到了水果总产量的 70% ~ 80%。这不仅增加了果蔬的附加值,减少了浪费和污染,还提高了综合效益。

从国际市场竞争力来看,我国果蔬产品由于缺乏规格化、标准化管理,导致高档鲜售水果的比率不高,市场售价低,竞争力差。这也体现在出口水平上,我国果蔬年出口量仅占总产量的 1%,占世界出口量的 2.4%,排名第 12 位,销售价格更是只有国际平均价格的一半。

因此,为了提升我国果蔬加工产业的竞争力,我们需要加强采后贮运及产地基础设施建设,推动果蔬的深加工和附加值提升,同时加强果蔬加工原料的选育和基地建设,以满足国内外市场的需求。

1.2.2.2 贮藏与加工技术及设备水平低

尽管我国果蔬加工业近年来在高新技术应用方面取得了显著进步,贮藏与加工设备水平也有明显提高,然而,由于缺乏具有自主知识产权的核心技术与关键制造技术,我国果蔬加工业在整体贮藏与加工技术以及加工设备制造技术水平上仍然偏低。

自 20 世纪 80 年代以来,我国投入大量资金修建了超过 100 座气调贮藏库,并引进了一批先进的果蔬加工生产线。然而,由于这些技术和设备不适应我国国情,导致设备利用率不高,加工产品质量不稳定。据统计,气调贮藏库的空闲率大于 60%,很多时候只能作为普通库使用,这无疑是对资源的一种浪费。

在果蔬汁加工领域,虽然我国已有一定的生产能力,但无菌大罐技术、纸盒无菌灌装技术、反渗透浓缩技术等关键技术尚未取得突破,这限制了我国果蔬汁加工水平的提升。同时,关键加工设备的国产化能力差、水平低,也影响了我国果蔬汁加工业的发展。

在罐头加工领域,我国罐头加工过程中的机械化、连续化程度低,对先进技术的掌握、使用、引进、消化能力有限。在泡菜产品方面,由于沿用传统的泡渍盐水工艺,导致发酵质量不稳定,发酵周期长,生产效率低下,难以满足大规模及标准化工业生产的需求。

在果蔬速冻加工领域,我国国产速冻设备主要以传统的压缩制冷机为冷源,制冷效率有限,难以实现深冷速冻。而国外发达国家则采用新的制冷方式和制冷装置,如微波冷冻、远红外冷冻等新技术,以提高制冷效率和速冻品质。

在果蔬物流领域,我国与发达国家的差距更加明显。国外鲜食水果已实现冷链流通,从采后到消费的全程低温,损失率不到 5%。而我国现代果蔬流通技术与体系尚处于起步阶段,预冷技术、无损检测技术相对落后。进入流通环节的蔬菜商品往往未实现标准化,缺乏等级、规格划分,卫生质量检测也不全面。此外,流通设施不配套,运输工具和交易方式较落后,导致我国果蔬物流与交易成本非常高,与发达国家相比平均高出 20%。

总体来说,我国果蔬加工和综合利用能力较低,尤其是很多优质果蔬资源利用率不高,野生果蔬资源还有相当数量没有开发利用。果蔬加工品种少、档次低,难以满足日益增长的社会需求。我国果蔬贮藏与加工业资源丰富、前景广阔,随着人民生活水平的提高和消费者对健康、便捷食品需求的增加,果蔬加工业必将迎来快速发展的机遇。为了抓住这一机遇,我们需要加强技术创新和研发,提高果蔬加工技术水平,推动果蔬加工业向更高层次、更高水平发展。

1.3　果蔬贮藏与加工技术发展趋势

近年来,果蔬加工呈现出以下几种新趋势。

1.3.1 果蔬成分提取品加工成功能食品

随着现代营养学和食品科学研究的不断深入,越来越多的果蔬被揭示出它们所含有的丰富生理活性物质。这些物质不仅赋予果蔬独特的口感和色泽,更重要的是它们对人体健康具有显著的益处。

蓝莓被誉为果蔬中的"抗氧化之王",其抗氧化效果极强。蓝莓中的抗氧化剂能够保护细胞免受自由基的损害,防止功能失调。蓝莓提取物被发现具有逆转功能失调的潜力,不仅可以帮助改善短期记忆,还能提高老年人的平衡性和协调性。在欧洲,蓝莓长期以来因其对视力的益处而备受推崇,这主要归功于蓝莓中富含的花青素成分,它能够保护眼睛免受光损伤,促进视网膜健康。

红葡萄含有的白藜芦醇是一种强大的抗氧化剂,能够防止低密度脂蛋白的氧化,进而抑制胆固醇在血管壁的沉积。这种作用有助于降低动脉粥样硬化的风险,并防止动脉中血小板的凝聚,从而有利于防止血栓的形成。此外,白藜芦醇还显示出抗癌的潜力,为红葡萄增添了更多的健康价值。

坚果富含的类黄酮是一种强效的抗氧化剂,能够抑制血小板的凝聚,并具有抑菌和抗肿瘤的作用,使坚果成为一种既美味又健康的食品选择。

柑橘类水果,如橙子、柚子等,含有丰富的类黄酮和类胡萝卜素等生理活性物质。这些物质不仅具有抗氧化作用,还能抑制血栓形成、抑菌和抑制肿瘤细胞生长。柑橘类水果的多样化选择也为人们提供了更多的健康选择。

南瓜作为一种常见的蔬菜,南瓜中的环丙基结构降糖因子对治疗糖尿病具有明显的作用,能够帮助糖尿病患者控制血糖水平。

西红柿含有的番茄红素是一种强大的抗氧化剂,能够防止前列腺癌、消化道癌以及肺癌等多种癌症的产生,这使西红柿成为一种既美味又健康的食品。

研究人员正通过各种方法从果蔬中分离、提取、浓缩这些功能成分,以便将其添加到各种食品中或加工成功能食品。这些功能食品不仅具有丰富的营养价值,还能满足消费者对健康食品的需求。随着科技的进步和研究的深入,相信未来会有更多的果蔬被发现含有生理活性物质,并为人类健康带来更多的益处。

1.3.2 最少量加工工艺的发展

随着消费者对食品新鲜度和营养价值的日益关注,传统加工食品因其剧烈的热加工过程导致的营养流失和风味变化,正逐渐失去市场。在这样的背景下,最少量加工(Minimum Processing, MP)的概念应运而生,并在食品工业中得到了快速发展。

MP加工是一种介于果蔬贮藏与加工之间的新型加工方式,它强调在保持果蔬原料新鲜度和营养价值的同时,进行必要的预处理,如去皮、切割、修整等。与传统加工方法如罐装、速冻、干制、腌制等相比,MP加工不会进行剧烈的热处理,从而最大程度地保留了果蔬的新鲜度和营养成分。

MP加工后的果蔬仍然为活体,能够进行呼吸作用,这赋予了它们新鲜、方便、可100%食用的特点。近年来,MP加工后果蔬在美国、日本、欧洲等地得到了快速发展,越来越多的消费者开始青睐这种新鲜、健康、方便的食品。

然而,MP加工也面临一些挑战。由于果蔬经过MP加工后,其组织结构会受到一定程度的伤害,原有的保护系统被破坏,容易导致褐变、失水、组织结构软化、微生物繁殖等问题。为了解决这些问题,加工过程中必须采取一系列措施,如冷藏、气调包装(Modified Atmosphere Packaging, MAP)、食品添加剂处理和涂层处理等。

总体来说,MP加工为果蔬加工业带来了新鲜的发展机遇。通过不断创新和改进加工工艺,MP加工后果蔬有望在未来市场上占据更大的份额,满足消费者对健康、新鲜、方便食品的需求。

1.3.3 果蔬汁加工业呈现新的发展

果蔬汁被誉为"液体果蔬",不仅味道鲜美,更重要的是它们较好地保留了果蔬原料中的营养成分,如维生素、矿物质、膳食纤维以及多种抗氧化物质。这些成分对于维持人体健康、促进新陈代谢、增强免疫力等方面都起着至关重要的作用。

随着现代社会生活节奏的加快和人们健康意识的提高,饮料的消费趋势已经发生了显著的变化。从过去主要追求口感的嗜好性饮料,逐渐转变为追求营养和健康的营养性饮料。果蔬汁饮料正是满足了这一消费趋势,凭借其天然、健康、营养的特点,在饮料市场中的份额正在逐渐扩大。

目前市场上的果蔬汁种类繁多,果汁主要包括橙汁、苹果汁、菠萝汁、葡萄汁等,这些果汁以其独特的口感和丰富的营养深受消费者喜爱。同时,蔬菜汁如西红柿汁、胡萝卜汁、南瓜汁等也逐渐受到人们的关注,它们不仅提供了丰富的维生素和矿物质,还有助于增加膳食纤维的摄入,促进肠道健康。此外,还有一些果蔬复合汁,将多种果蔬的营养成分融合在一起,为消费者提供了更多元化的选择。

同时,在加工技术方面,我国也取得了显著的进步。高温短时杀菌技术、无菌包装技术、膜分离技术等先进技术的应用不仅有效地保留了果蔬汁中的营养成分和风味,还延长了产品的保质期,提高了产品的安全性和稳定性。这些技术的应用使我国的果蔬汁加工生产水平达到了一个新的高度。

随着果蔬汁加工业的持续发展,行业正在不断推陈出新,满足消费者日益增长的健康和口味需求。

(1)浓缩果汁。浓缩果汁是通过蒸发部分水分得到的,因此体积小、重量轻,这极大地降低了贮藏、包装和运输的成本,使产品更具竞争力,尤其在国际贸易中表现出色。由于水分减少,浓缩果汁可以在不添加防腐剂的情况下长时间保存,保持了其天然风味和营养价值。消费者可以通过加水稀释来制备自己喜欢的饮料浓度,既方便又经济。

(2)NFC(Not From Concentrate,非浓缩还原)。从新鲜果蔬中榨取后直接杀菌包装的,未经过浓缩和还原过程,因此最大程度地保留了原材料的新鲜度和营养成分。NFC果蔬汁因其独特的加工方式,口感醇厚,风味自然,受到追求健康生活的消费者的喜爱。NFC果蔬汁的加工技术要求高,需要严格的原料筛选和加工条件控制,以确保产品的品质和安全性。

(3)复合果蔬汁。复合果蔬汁利用不同果蔬的营养和风味特点,进行科学地调配,创造出营养更均衡、风味更丰富的产品。通过科学的配比,复合果蔬汁可以弥补单一果蔬汁在营养和风味上的不足,满足消费者多样化的需求。复合果蔬汁的研发需要深入了解各种果蔬的营养成分和风味特点以及消费者口味的偏好。

(4)果肉饮料。果肉饮料在果汁的基础上加入了果肉颗粒,增加了产品的口感和营养价值。果肉饮料中的膳食纤维有助于促进肠道蠕动,改善消化功能,符合现代人追求健康饮食的趋势。果肉饮料的原料利用率高,减少了加工过程中的浪费,符合可持续发展的理念。

(5)未来市场的新型果汁饮料。新型果汁饮料包括混合果汁、花卉型饮料、富碘果汁等,这些产品不仅具有独特的口感和风味,还具有多种健康益处。

混合果汁以其独特的口感、丰富的营养组合及创新搭配引领健康和美味的双重潮流。

花卉型饮料以其美丽的外观和独特的香味吸引了众多消费者,尤其是女性消费者。同时,花卉饮料还具有美容养颜、提神醒脑等功效,满足了消费者对美的追求。

富碘果汁饮料利用海藻类提取物与果汁复合而成,具有补碘和降血脂等多重健康效果,适合需要补充碘元素和关注心血管健康的人群饮用。

随着技术的不断进步和消费者需求的多样化,果蔬汁加工业将继续创新和发展,为消费者带来更多健康、美味、便捷的饮品选择。

1.3.4 果蔬粉的加工

新鲜果蔬因其高水分含量(通常超过 90%)而易于腐烂,这给贮藏和运输带来了极大的挑战。然而,将新鲜果蔬加工成果蔬粉,不仅解决了这一难题,还带来了诸多其他优势。

果蔬粉的水分含量极低,一般低于 6%,使产品能够在不添加防腐剂的条件下长时间保存,大大降低了贮藏、运输和包装的费用。此外,果蔬粉加工对原材料的要求不高,即便是有轻微瑕疵的果蔬也能被利用,进一步提高了原材料的利用率。

果蔬粉在食品加工领域的应用十分广泛,为食品工业带来了诸多创新。在面食制品中,果蔬粉可以用来增添色彩和营养,如胡萝卜粉加工的胡萝卜面条;在膨化食品中,番茄粉等可以作为调味料使用,增加食品的风味;在肉制品中,添加蔬菜粉可以增加产品的健康性;在乳制品和糖果制品中,果蔬粉同样可以丰富产品的口味和营养。

果蔬粉的生产通常涉及干燥和粉碎两个主要步骤。热风干燥是常用的方法,而真空冷冻干燥在冷冻和真空状态下进行干燥,减少了营养物质的损失和颜色的变化,使产品更具吸引力。

尽管传统的果蔬粉生产工艺有其优势,但仍然存在一些限制。例如,粉末颗粒过大可能导致使用不便,而且在制粉过程中,如果温度过高,可能会破坏产品的营养成分、色泽和风味。为了解决这些问题,果蔬粉的加工正朝着超微粉碎的方向发展。

超微粉碎技术是一种先进的加工方法,能将果蔬干制后的颗粒细化到微米级。这种超微化的颗粒具有许多独特的物理化学性质,如更好的分散性、水溶性、吸附性和亲和性,使果蔬粉在使用时更加方便,同时也更容易被人体消化和吸收。此外,超微粉碎技术还能更好地保留果蔬的营养成分和风味,提高产品的整体品质。

随着超微粉碎技术的不断发展和完善,未来果蔬粉的应用范围将更加广泛,为食品工业带来更多的创新和可能。

1.3.5 果蔬脆片的加工

果蔬脆片作为一种新型的健康风味食品,近年来在市场上受到了广泛的关注和喜爱。它以新鲜、优质的纯天然果蔬为原料,通过精心挑选和处理,确保产品的纯净和营养。在加工过程中,食用植物油被用作热的媒介,在低温真空条件下对果蔬进行加热处理,这一独特的加工方式使果蔬能够在脱水的同时保持原有的色香味。

果蔬脆片的制作核心在于真空干燥技术。在真空环境下,果蔬中的水分能够快速而均匀地蒸发,从而达到脱水的目的。与传统的高温干燥方法相比,真空干燥技术能够更有效地保留果蔬中的营养成分和天然风味,避免了因高温导致的营养流失和风味变化。

果蔬脆片不仅口感松脆,而且具有低热量、高纤维的特点。它富含多种维生素和矿物质,能够满足人体对营养的需求,同时又不会增加额外的热量负担。此外,果蔬脆片在生产过程中不添加任何防腐剂,保证了产品的安全性和健康性。

由于果蔬脆片具有携带方便、保存期长的优点,它成了现代人快节奏生活中不可或缺的健康食品。无论是在办公室、学校还是旅途中,人们都可以随时享受到美味又健康的果蔬脆片。同时,随着健康饮食观念的普及和消费者对食品品质要求的提高,果蔬脆片的市场前景也越来越广阔。

总之,果蔬脆片以其独特的加工方式、丰富的营养价值和健康美味的口感,成了现代健康食品市场的新宠。随着技术的不断进步和消费者需求的不断提高,果蔬脆片的市场前景将更加广阔。

1.3.6 国际果蔬加工无废弃开发

在果蔬加工行业,虽然生产出了许多美味且营养丰富的产品,但同时也伴随着大量废弃物的产生。这些废弃物如风落果、不合格果以及果皮、果核、种子、叶、茎、花、根等,往往被视为无用的下脚料,但实际上它们蕴含着巨大的潜在价值。

早在多年前,一些发达国家就已经开始重视果蔬加工废弃物的综合利用。例如,美国政府投资完成的苹果综合利用体系,成功地将苹果废弃物转化为多种有价值的产品;日本利用芦笋和胡萝卜渣等废弃物开发出新的食品填充剂和包装材料;新西兰从猕猴桃皮中提取出具有多种用途的蛋白分解酶。

相比之下,我国在果蔬加工废弃物的利用方面还存在较大的差距。以花生为例,我国作为世界上最大的花生生产国和出口国,每年都会产生大量的花生废弃物。但由于加工技术的限制,这些废弃物往往只能被用作动物饲料或肥料,造成了严重的资源浪费。

因此,加强果蔬加工废弃物的综合利用已成为我国食品加工行业面临的重要任务。通过研发新的加工技术和提取工艺,可以将这些废弃物转化为具有高附加值的产品,如食品添加剂、营养补充剂、包装材料等,从而实现废弃物的减量化、资源化和无害化。

此外,加强废弃物的综合利用还可以为企业带来新的利润增长点,促进果蔬加工行业的可持续发展。因此,政府、企业和科研机构应共同努力,加大对果蔬加工废弃物综合利用技术的研发和推广力度,推动我国食品加工行业向更加环保、高效和可持续的方向发展。

第 2 章
果蔬贮藏基础知识

果蔬贮藏是保障其营养、风味与品质的关键环节。本章概述了果蔬贮藏的基础知识,包括品质构成、采前影响因素、采后生理变化及其病害防控,以及采收后的管理技术。通过深入探讨,旨在为读者提供果蔬贮藏保鲜的理论基础与实践指导,促进果蔬业的高效、安全发展。

2.1　果蔬的品质

果蔬品质主要决定于遗传因素,但因受不同发育时期、栽培环境、管理水平和贮藏与加工条件的影响而变化很大。对果蔬品质的评价,包括色泽、大小、形状等外观特性,味道和香气等风味特性,以及维生素、矿物质、碳水化合物、脂肪、蛋白质等营养物质的含量。

果蔬品质的构成主要有以下几个方面。

外观:形状、大小、色泽等。

风味:糖、酸、单宁、糖苷类、氨基酸等。

质地:组织的老嫩程度、硬度、汁液的多少、纤维的多少等。

营养:糖类、脂类、蛋白质和氨基酸、矿物质、水分、维生素等。

危害:有害物质的残留等。

果蔬的化学组成非常复杂,一般分为水和固形物。固形物又分为无机物(各种矿物质)和有机物(碳水化合物、有机酸、脂肪、蛋白质及各种维生素、色素和芳香物质等)。

2.2　采收前因素对果蔬贮藏的影响

2.2.1 生物因素

2.2.1.1 原产地

果蔬产地不同,其气候条件、土壤条件、地形地势以及果蔬品种特性也不同,这些条件共同影响着果蔬的生长发育、品质形成和耐贮性。例如,生长在辽宁、山西、甘肃、陕北等高纬度地区的苹果,相比生长在河南、山东等低纬度地区的苹果,具有更强的耐贮性。这是因为高纬度地区的气候条件(如凉爽的气候、较大的昼夜温差)有利于苹果的生长发育,使苹果体内积累了更多的可溶性固形物和花青素,从而提高了其耐贮性。

2.2.1.2 种类和品种

(1)种类。不同种类的果蔬由于其遗传特性和生理构造的不同,在贮藏性能上存在显著差异。

叶菜类蔬菜:如菠菜、青菜等,由于叶片薄嫩、水分含量高,容易在贮藏过程中失水萎蔫、变黄腐烂,因此贮藏性较差。这类蔬菜通常需要较短的贮藏期和严格的贮藏条件,如低温、高湿环境,以延缓其衰老和变质。

根菜类蔬菜:如萝卜、红薯等,由于其根部厚实、表皮坚硬,能够较好地阻隔外界侵蚀,因此贮藏性相对较好。这类蔬菜在适宜的贮藏条件下可以保存较长时间。

果菜类蔬菜:如番茄、黄瓜等,其贮藏性能介于叶菜类和根菜类之间。这类蔬菜在贮藏过程中需要注意控制温度、湿度和气体成分,以防止果实过快成熟和腐烂。

(2)品种。同一种类的不同品种果蔬,由于其遗传特性和生长发育过程的差异,在贮藏性能上也会有所不同。

苹果:不同品种的苹果在贮藏性能上存在显著差异。一般来说,晚熟品种的苹果(如富士、秦冠等)比早熟品种的苹果更耐贮藏。这是因为晚熟品种在生长过程中积累了更多的营养物质和抗性物质,能够更好地抵御贮藏过程中的各种不利因素。此外,高纬度地区生长的苹果(如辽宁、山西等地)由于气候条件的优势,其耐贮性通常优于低纬度地区生长的苹果。

番茄:不同品种的番茄在贮藏性能上也有所不同。一些抗性强、皮厚肉紧的品种更耐贮藏,能够在较长时间内保持较好的品质和口感。而一些皮薄肉嫩的品种则容易在贮藏过程中发生腐烂和变质。

2.2.1.3 果蔬田间发育状况

果蔬的年龄阶段、长势强弱、营养水平、果实大小和负载量等因素对其采后贮藏具有显著影响。

（1）成熟度或发育年龄。果蔬的耐贮性在不同的生育时期有明显的差异。一般来说，果蔬从幼小到长成的过程中，耐贮性和抗病性会逐渐增强，但达到一定的成熟度后，开始进入衰老阶段，耐贮性和抗病性又会逐渐下降。

跃变型果实：如香蕉、苹果等，其贮藏性与成熟度关系极为密切。这些果实在成熟过程中会经历呼吸跃变，导致内部生理生化变化加剧，因此采收期的选择对贮藏效果至关重要。过早采收会导致果实品质不佳，过晚采收则可能使果实在贮藏过程中迅速衰老。

非跃变型果实：如柑橘、葡萄等，其贮藏对成熟度的要求相对不严格。这些果实可以在完熟期采收，此时在生理上尚未进入明显的衰老阶段，糖分积累多，保护组织发达，有利于贮藏。

（2）长势强弱。树势或植株的长势对果蔬的耐贮性也有显著影响。

树势旺盛：虽然果实可能呈现粗皮大果的形态，但果汁质量往往较差，且由于呼吸代谢旺盛，耐贮性并不强。

树势中等：这类植株上结的果实品质和储藏性通常较好，不易发生生理病害。

（3）营养水平。营养水平的高低直接影响果蔬的品质和耐贮性。

营养充足：果蔬在生长过程中获得充足的营养，有利于其内部组织结构的完善和营养物质的积累，从而提高耐贮性。

营养不良：营养不良会导致果蔬品质下降，耐贮性减弱。

（4）果实大小。同一种类或品种的果实大小与耐贮性密切相关。

中等或中等偏大果实：通常具有较好的耐贮性。这类果实内部组织结构紧凑，营养物质积累适中，不易发生腐烂和变质。

大果：虽然外观诱人，但由于细胞数多、呼吸量大、易受损伤等原因，其耐贮性往往较差。此外，大果还容易发生苦痘病、虎皮病等生理病害。

小果：虽然耐贮性可能优于大果，但由于其体积较小，经济价值相对较低。

（5）负载量。果蔬的负载量（即单位面积或单株的产量）也对其耐贮性有影响。

负载量适中有利于果蔬的生长和发育,提高品质和耐贮性。这是因为适量的果实竞争有助于果实获得充足的营养和光照。

负载量过大会导致果实个头小、含糖量低、着色差、易早熟而不耐贮藏。

负载量过小,果实个头可能增大,但由于着色不良等原因,其耐贮性也会下降。

2.2.2 生态因素

果蔬的生态因素,包括温度、光照、水分、土壤以及地理条件(如经纬度、地势、海拔等),对其贮藏性能具有显著影响。

2.2.2.1 温度

不同种类的果蔬对温度的敏感性不同,因此贮藏温度的选择至关重要。

(1)对呼吸作用的影响。温度升高会加速果蔬的呼吸作用,促进其后熟和衰老过程。

(2)对乙烯生成的影响。乙烯是果蔬成熟和衰老的重要激素。高温会促进乙烯的生成,加速果蔬的成熟和衰老。而低温可以抑制乙烯的生成,从而延长果蔬的贮藏寿命。

(3)对微生物活动的影响。微生物是导致果蔬贮藏过程中腐烂变质的主要因素之一。高温有利于微生物的繁殖和活动,从而加速果蔬的腐烂过程。而低温可以抑制微生物的活动,降低其破坏力。

例如,柑橘类水果在贮藏过程中,如果温度过高,会导致果皮粗厚、果汁减少、品质下降。而适宜的低温贮藏条件可以保持果实的色泽、风味和营养成分,延长贮藏寿命。

2.2.2.2 光照

(1)对外观品质的影响。光照充足可以使果蔬色泽鲜艳、外观诱人。然而,过强的光照会导致果蔬表面发生日灼病等病害,影响贮藏性能。因此,在贮藏过程中需要避免果蔬直接暴露在强光下。

（2）对营养成分的影响。光照可以促进果蔬中叶绿素、类胡萝卜素等营养物质的合成和积累。这些营养物质对果蔬的品质和营养价值具有重要意义。

例如,番茄在生长期间受到充足的光照,其色泽会更加鲜艳、口感更佳。然而,在贮藏过程中需要避免番茄直接暴露在强光下,以免发生日灼病等病害影响贮藏性能。

2.2.2.3 水分

（1）失水对贮藏性能的影响。采后的果蔬由于无法进行光合作用和根部吸水,容易因蒸腾作用而失水。失水会导致果蔬表面皱缩、品质下降、贮藏寿命缩短。

（2）湿度对微生物活动的影响。高湿度环境有利于微生物的繁殖和活动,从而加速果蔬的腐烂过程。

例如,苹果在贮藏过程中如果湿度过低会导致果皮皱缩、品质下降。而保持适宜的湿度条件可以保持苹果的色泽、风味和口感,延长贮藏寿命。

2.2.2.4 土壤

（1）土壤质地和肥力。疏松肥沃的土壤有利于果蔬根系的生长和发育以及营养物质的吸收和利用。相反贫瘠板结的土壤则不利于果蔬的生长和发育。

（2）土壤 pH 值。适宜的土壤 pH 值有利于果蔬体内各种生理生化过程的正常进行以及营养物质的合成和积累。

例如,在适宜的土壤中生长的苹果色泽鲜艳、风味浓郁、耐贮性强;而在贫瘠板结的土壤中生长的苹果则色泽暗淡、风味单薄、耐贮性差。

2.2.2.5 地理条件

（1）经纬度。不同经纬度的地区具有不同的气候条件和日照时长等环境因素。这些因素会影响果蔬的生长速度和品质形成过程。例如,高纬度地区的苹果由于生长期长、昼夜温差大等因素而具有更好的品质和耐贮性。

（2）地势和海拔。地势和海拔会影响果蔬生长环境的温度、湿度等条件。一般来说,海拔较高的地区气温较低、昼夜温差大有利于果蔬体内营养物质的积累和提高耐贮性。

例如,在青藏高原等高海拔地区生长的苹果由于生长期长、昼夜温差大等因素而具有色泽鲜艳、风味浓郁、耐贮性强等特点。而在低海拔地区生长的苹果则可能由于生长期短、昼夜温差小等因素而品质相对较差。

2.2.3 农业技术因素

2.2.3.1 施肥

氮、磷、钙及其他矿质元素对果蔬贮藏品质的影响至关重要。

氮是果蔬正常生长和实现高产的不可或缺的元素。然而,尽管果蔬中氮的过量积累会促进叶绿素的合成,却抑制了花青素的产生,进而增加果蔬对某些病害的易感性。例如,过量施用硝态氮的番茄果实对细菌性软腐病更为敏感,而苹果则可能出现裂果、内部崩解以及苦痘病增多的现象。此外,高氮水平虽能促进果实增大,但也会导致贮藏过程中呼吸强度提升。针对苹果的试验分析显示,当树叶含氮量（以绝对干重计）处于 2.2% ~ 2.6% 时,果树能正常生长发育,超出此范围则对果实的长期贮藏不利。

在蔬菜栽培中,氮素的作用尤为突出。施用不同量和形态的氮素会产生截然不同的效果。例如,对莴苣施用过多氮肥,并在土壤水分含量较高的条件下,采后置于 5℃ 下贮藏,其鲜度会迅速下降。相比之下,施用硝态氮的保鲜效果优于铵态氮。值得注意的是,氮素肥料对不同蔬菜的影响并不完全一致。一般而言,甘蓝等叶菜类蔬菜在增加施氮量时,对贮藏性能的不良影响较小;而根菜类、鳞茎类蔬菜则对增施氮肥较为敏感,通常会导致贮藏性能降低。

磷是植物体内能量代谢的关键物质。缺磷时,植物器官易衰老、脱落,导致落花、落果等现象。低磷水平往往会造成贮藏中果实的低温崩溃,提高内腐病的发生率,并促使呼吸强度提升,使果实更易腐烂、果肉变褐,同时降低抗病性。

果蔬组织内的钙含量与呼吸作用、成熟变化及抗逆性紧密相关。钙能影响与呼吸作用相关的酶,从而抑制呼吸作用。当钙含量较低、氮钙比值较高时,苹果易发生苦痘病、鸭梨易发生黑心病、芹菜易发生褐心病。钙在果实中的分布因部位而异,果皮和果心中的钙含量比果肉中高2～4倍,而果实梗端的钙含量又比萼端多。生理病害通常出现在钙分布最少的部位。果实采收后,钙会从核心区向外部果肉转移,以保持果肉细胞中钙的一定浓度梯度。

除了上述元素外,其他矿质元素及微量元素也会对果蔬贮藏品质产生重要影响。果树缺钾时,果实着色差且易发生焦叶现象。然而,土壤中钾含量过高会与钙的吸收产生拮抗作用,从而加重果实的苦痘病。近年来的研究表明,镁在调节碳水化合物降解酶的活化过程中起着重要作用。高镁含量与高钾含量一样,都可能引发苦痘病。

2.2.3.2 灌溉

灌溉的时机和量对果蔬的耐藏性有重要影响。大白菜、洋葱在采收前一周应避免浇水,否则耐藏性会降低。葡萄若在采收前持续灌水,虽能提高产量,但会降低含糖量,不利于贮藏。因此,为提高果蔬的产量和质量,同时增强其耐藏性,灌溉需适时、合理。

2.2.3.3 整形修剪和疏花疏果

整形修剪的重要任务之一是调整果树枝条的密度,以增加树冠的透光面积和扩大结果部位。通常,树冠的主要结实部位位于自然光强的30%～90%范围内。就果实品质而言,光强低于40%时无法产出有价值的果实;光强在40%～60%时,果实品质中等;而光强超过60%时,才能产出最佳品质的果实。有研究显示,黄元帅苹果随着树冠深度的增加,叶面积指数上升,光强减弱,从而导致果实品质下降。从树形结构来看,主干形的果实品质不如开心形;而圆形大冠的果实品质则不如小冠和扁形树冠。树冠中光照分布越不均匀,所形成的果实等级差异就越大。

修剪对果实的大小和化学组成有着直接影响,并间接影响其贮藏能力。对果树进行重度修剪会导致枝叶过度生长,使叶片与果实的比例失衡,加剧枝叶与果实对水分和营养的竞争,导致果实中钙含量不足,增加发生苦痘病的风险。同时,重度修剪还会造成树冠郁闭,光照不足,影响果实着色。相反,修剪过轻的果树虽然结果数量多,但果实偏小,品质较差,也不利于贮藏。

合理进行疏花疏果是确保适当叶果比例、获得理想果实大小和品质的关键措施。一般在果实细胞分裂前进行疏果操作,可以增加果实中的细胞数量;而较晚进行疏果则主要影响细胞的膨大;如果疏果过晚,则对果实大小无显著影响。因为疏花疏果直接影响到果实细胞的数量和大小,从而决定了果实最终形成的大小,这也在一定程度上决定了果实的贮藏性能。

2.2.3.4 植物生长调节剂

(1)促进生长与成熟的调节剂。这类调节剂包括生长素类的吲哚乙酸、萘乙酸、2,4-D 等,它们能促进果蔬的生长,防止落花落果,同时促进果实的成熟。例如,使用萘乙酸 20 ~ 40mg/kg,在苹果采收前一个月喷施,可有效防止采前落果,使果实留在树上增加红色,但也可能导致果实过熟而不利于贮藏。2,4-D 用于番茄可防止早期落果,形成无籽果实,促进成熟,但也不利于贮藏。

(2)促进生长而抑制成熟的调节剂。赤霉素(GA3)具有强烈的促进细胞分裂和生长作用,但同时也抑制许多果蔬的成熟。喷施赤霉素的柑橘、苹果、山楂等,果皮着色晚,延缓衰老,并可减轻某些生理病害。

(3)抑制生长促进成熟的调节剂。苹果、梨、桃等在采收前 1 ~ 4 周喷施 200 ~ 500mg/kg 的乙烯利,可促进果实着色和成熟,使果实呼吸高峰提前出现,但这些果实均不耐贮藏。B_9(主要由赤霉素合成)属于生长延缓剂,但对于桃、李、樱桃等则可促进果实内源乙烯的生成,使果实提前成熟 2 ~ 10d,同时有增进黄肉桃果肉颜色的作用。

(4)抑制生长延缓成熟的调节剂。这类调节剂包括 B_9、矮壮素(CCC)、青鲜素(MH)、整形素、PP_{333}(多效唑)等生长延缓剂。目前普遍使用的有 B_9、CCC、PP_{333}。B_9 对果树生长有抑制作用,喷施 1000 ~ 2000mg/kg 的 B_9 可使苹果果实硬度增加,改善着色。对于红星、黄元帅等采前落果严重且果肉易绵的苹果品种,B_9 具有延缓成熟的良好效果。

2.2.3.5 化学杀菌剂

（1）无机杀菌剂。

①氯、溴、二氧化氯、臭氧、次氯酸钠等。这些物质在水中能产生具有强氧化性的次氯酸，有效杀灭细菌、病毒等微生物。它们常用于果蔬的清洗和消毒，使用时需注意浓度和残留问题。

②硫黄、硫酸铜、碱式硫酸铜、氢氧化铜、波尔多液等。这类杀菌剂一般为保护剂，要在发病前期或发病初期使用。其杀菌谱较广，对真菌、细菌性病害，甚至对病毒病都有一定的效果。

（2）有机杀菌剂。

①氯酚类、季铵盐类、氯胺类、大蒜素等。这些有机化合物具有广谱杀菌作用，且对人体毒性相对较低，它们可以破坏微生物的细胞壁或细胞膜，从而达到杀菌效果。

②有机硫、磷类。例如，代森锰锌、代森铵、福美双、代森锌等，多为比较稳定的保护剂。有机磷类如乙膦铝主要用来防治霜霉病、疫病，具有治疗作用。

2.3　果蔬采收后生理与病虫害控制

2.3.1 呼吸生理

2.3.1.1 果蔬采后呼吸作用

果蔬呼吸速率与其生长发育阶段紧密相连。根据采后呼吸强度变化曲线特征，果蔬可分为呼吸跃变型与非呼吸跃变型两大类。前者包括苹果、梨、桃、李、杏、柿、香蕉等多种果实，后者则涵盖甜橙、红橘、葡萄柚、草莓等品种。并非所有的跃变型果蔬均在完熟期出现呼吸高峰，未出现高峰者被视为非跃变型果蔬。

此外，跃变型与非跃变型果蔬在内源乙烯产生及对外源乙烯反应方面存在显著差异。跃变型果蔬呼吸强度随完熟而上升,不同种类间呼吸跃变高度与出现时间各异(表 2-1);非跃变型果蔬则无此特征。

表 2-1　几种果蔬在跃变前至跃变高峰期间内源乙烯浓度的变化　单位: μg/g

跃 变 型				非跃变型	
果蔬	跃变前	跃变开始	跃变高峰	果实	恒态
鳄梨	0.04	0.75	500	柠檬	0.1 ~ 0.2
香蕉	0.1	1.5	40	来檬	0.3 ~ 2.0
南美番荔枝	0.03	0.04	219	橙子	0.1 ~ 0.3
芒果	0.01	0.08	3	菠萝	0.2 ~ 0.4
硬皮甜瓜	0.04	0.3	50		
番木瓜	—	0.1	2.8		
洋梨	0.09	0.4	40		
番茄	0.08	0.8	27		

2.3.1.2 影响呼吸强度的因素及其调控

(1)产品内在因素。果蔬种类、品种、发育年龄及成熟度均对其呼吸作用产生显著影响。一般而言,南方水果呼吸强度高于北方水果,夏季成熟果蔬较秋冬季成熟者呼吸更快。就种类而言,不耐贮藏的核果类果蔬呼吸强度较大,如草莓;而仁果类、葡萄等较耐贮藏品种则呼吸强度较低。蔬菜中根菜类耐藏性最佳,叶菜类最差,其呼吸强度也呈相应梯度变化。

果蔬发育年龄与成熟度亦影响呼吸作用:幼龄时期呼吸强度最大,随年龄增长逐渐降低;跃变型果蔬在衰老前常出现短暂呼吸高峰,高峰过后呼吸强度持续下降。因此,选择适宜采收时期对控制呼吸强度至关重要。

(2)外部环境因素。

①温度。呼吸作用受温度调控显著,随温度升高而增强。低温贮藏可降低呼吸强度、延长贮藏期,但需避免低温冷害。

在果蔬的贮藏期间,环境温度的细微波动能够显著影响它们的呼吸速率。在特定的温度区间内,每当环境温度攀升 10℃,果蔬的呼吸强度往往会随之增加,这一增加的倍数被定义为呼吸的温度系数(Q_{10})。通常情况下,水果的 Q_{10} 值介于 2 ~ 2.5。这一系数并非固定不变,它不仅因果蔬种类的不同而有所差异,即便是同一种果蔬,在不同温度范围内也可能展现出不同的 Q_{10} 值。尤为关键的是,果蔬在较低温度下的 Q_{10} 值往往高于高温环境。这意味着在低温贮藏条件下,即便是微小的温度变动,无论是上升还是下降,都可能引发呼吸强度的剧烈波动。因此,在进行低温贮藏和运输时,相较于高温环境,更应高度重视并维持一个稳定且偏低的贮藏温度,以确保果蔬的品质和贮藏效果。

②湿度。湿度对呼吸强度影响虽次于温度但仍不容忽视。适当晾晒可降低部分果蔬呼吸强度、增强其耐贮性。

③气体成分。调节贮藏环境中氧气与二氧化碳浓度可有效抑制呼吸作用。低氧高二氧化碳环境有助于延长果蔬贮藏期,但需避免缺氧呼吸与二氧化碳中毒。此外,乙烯作为促进呼吸与成熟的植物激素,其含量也需严格控制。

④机械损伤与生物侵染。机械损伤与生物侵染均会显著提高果蔬的呼吸强度与乙烯产生量,因此需采取有效措施加以防范。

⑤植物调节物质。植物生长调节剂可通过促进或抑制呼吸作用来调控果蔬贮藏效果,如乙烯、乙烯利等可促进呼吸与成熟,而青鲜素、矮壮素等则具有抑制作用。

2.3.2 蒸腾生理

2.3.2.1 蒸腾作用对果蔬的影响

(1)失重和失鲜。蒸腾作用作为果蔬保鲜中的一大障碍,其影响尤为显著。果蔬以其高含水量著称,普遍维持在 65% ~ 96%,某些如黄瓜等瓜果类更是高达 98%,赋予了它们光鲜的外表与脆嫩的口感。然而,当果蔬中的水分逐渐蒸发,首当其冲的便是失重问题。这里所指的失重不仅是物理意义上的重量减轻,更是指干物质的消耗与果蔬新鲜度的急剧下降。

以苹果为例,在 2.7℃ 的冷藏条件下,每周因水分蒸发导致的重量损失约为果品总重的 0.5%,这一数值虽看似微小,实则远超呼吸作用所造成的 0.05% 失重,高达 10 倍之多。柑橘储藏期间高达 75% 的重量损失源于水分蒸发,仅 25% 归因于呼吸消耗,这些直观体现了蒸腾作用对果蔬失重的主导地位。失鲜则进一步加剧了这一困境,果蔬表面光泽褪去,形态萎蔫,商品价值大打折扣。

（2）对代谢和贮藏的影响。蒸腾作用不仅直接导致失重与失鲜,还深刻影响着果蔬的代谢与贮藏寿命。以甘薯为例,风干后水解酶活性激增,淀粉转化为糖分,口感虽甜,却也预示着贮藏稳定性的下降。大白菜若晾晒过度,细胞内离子浓度剧增,引发细胞中毒,ABA积累,脱帮现象加剧。花卉失水则花瓣易落,观赏价值尽失。

值得注意的是,适度失水在某些情况下也能发挥积极作用,如大白菜、菠菜等果蔬轻微晾晒后,组织变软,便于储运,且能抑制呼吸作用,延长贮藏期。洋葱、大蒜等晾晒后外皮干燥,同样有助于降低呼吸强度,减少生理病害。

2.3.2.2 水分蒸散的影响因素

（1）内部因素。果蔬的水分蒸散受多重内部因素制约。表面积与质量比、成熟度、保护层厚度、表皮组织结构紧密度及机械伤状况均对蒸散速度产生显著影响。亲水胶体与可溶性固形物含量高的细胞,其保水能力也强,蒸散速度也会相应减缓。此外,新陈代谢作为生命活动的基石,同样深刻影响着水分蒸散过程。叶菜类因表面积大、气孔蒸散显著、组织结构疏松等特点,成为最易脱水的果蔬类型;而果实类则因表面积比小、表皮层保护完善等优势,失水速度相对较慢。

（2）贮藏环境因素。

①温度。一般来说,温度越高,果蔬表面的水分蒸散速度越快。通常,大部分果蔬的适宜贮藏温度在0~10℃,具体温度取决于果蔬的种类和品种。例如,大白菜、蒜黄、葱、菠菜等蔬菜的适宜保鲜温度通常为-1~1℃,而柿子椒、菜豆、黄瓜、番茄等蔬菜的适宜保鲜温度则偏高一些,通常为7~13℃。

②湿度。相对湿度越低,果蔬表面的水分蒸散速度越快。一般来说,果蔬贮藏环境的相对湿度应控制在85%~95%,具体湿度取决于果蔬的种类和品种。例如,苹果的保鲜湿度为85%~90%,柚子的保鲜湿度也为85%~90%。

③空气流动速度。空气流速越快,果蔬表面的水分蒸散速度也越快。通常,可以通过调节通风系统的风速或采用包装材料来减缓空气流动速度,从而降低果蔬的水分蒸散速度。

④气压。气压对果蔬水分蒸散的影响相对较小,但在某些特定贮藏技术中(如真空冷却、真空浓缩、真空干燥等),气压的变化会对果蔬水分蒸散产生显著影响。气压越低,果蔬表面的水分越容易蒸发。在常规果蔬贮藏环境中,气压通常保持在大气压附近,因此气压对果蔬水分蒸散的影响可以忽略不计。

2.3.2.3 抑制水分蒸散的措施

针对易于蒸散的果蔬产品,关键在于优化贮藏环境,采取一系列策略来有效遏制水分的流失。实践中,常采用以下几种方法来应对这一挑战。

(1)精确管理果蔬的采收时机,确保其在完全成熟时保护层已充分发展,以增强自然保水能力。

(2)通过直接提升贮藏空间的空气湿度水平,营造一个不利于水分蒸发的外部环境。

(3)应用涂被技术不仅提升了果蔬的商品外观吸引力,更重要的是形成了一层保护膜,从而有效减缓了水分的蒸散速度。

(4)构建并维护产品周围的小环境湿度,利用包装等物理屏障策略,进一步阻隔外界干燥空气对果蔬水分的直接作用。

(5)利用低温贮藏技术,通过降低贮藏温度来减缓果蔬的生理代谢活动,包括蒸散作用,从而间接达到减少水分损失的目的。

2.3.3 休眠与生长生理

2.3.3.1 休眠现象、类型与阶段

(1)休眠现象。休眠这一植物生命循环中的独特现象,标志着其生长发育的暂时中止,转而进入一种相对静止的状态。这是植物在长期进化过程中为应对严冬、酷暑、干旱等极端环境挑战而发展出的一种生存策略。结球白菜与萝卜展现的是典型的强迫休眠特征,而洋葱、大蒜、马铃薯等则属于生理休眠的范畴。

（2）生理休眠的特点。

①休眠前期（休眠诱导期）。在此阶段，植物刚从生长环境中脱离，生命活力依旧旺盛。它们通过增厚表皮、形成角质层或木栓组织等方式，积极构建防御机制，同时体内物质发生由小分子向大分子的转变，为即将到来的休眠状态作足准备。若此时环境条件异常优越，可能会阻碍其进入休眠；反之，适当处理则可调控休眠进程，甚至诱导其提前萌发或缩短休眠时长。

②生理休眠（真休眠或深休眠）。此时，植物彻底进入静止状态，所有代谢活动几乎停滞至最低水平。其外部保护层已臻完善，细胞结构经历深刻变化，即便置于最适宜的生长条件下，也难以激发其生长活性。

③休眠后期（强迫休眠）。此阶段标志着休眠状态的逐渐消解，植物内部开始发生由大分子向小分子的物质转化，可利用的营养储备逐渐增加。一旦外界条件适宜，休眠将被终止，转而进入生长周期；若环境不利，休眠期则可能相应延长。

2.3.3.2 延长植物休眠期的措施

（1）温度、湿度控制。例如，将洋葱置于 0 ~ 5℃的环境中，可显著延长其休眠期；马铃薯在采摘后存放于 2 ~ 4℃条件下，同样能延缓休眠的结束。然而，将大蒜暴露在 5℃的环境中，却会意外地打破其休眠状态，提示我们在应用时需谨慎选择温度条件。

（2）射线处理。利用 γ 射线处理，如以 8000 ~ 10000rad 剂量照射马铃薯，可使其在常温下保持 3 个月至 1 年不发芽。这一方法同样适用于洋葱、大蒜及鲜姜等，从而有效地防止了贮藏期间的发芽问题。

（3）药物处理。在采收前喷洒脱落酸或青鲜素（Maleic hydrazide，MH），能有效抑制洋葱、大蒜等鳞茎的采后发芽。采后，萘乙酸甲酯（MENA）及抑芽剂 CIPC 等化学药剂的应用也为防止马铃薯等作物的发芽提供了有力支持。

2.3.4 成熟与衰老

2.3.4.1 果蔬成熟衰老的特征

（1）颜色的变化。将果蔬采摘以后，要想使果实在储存的过程中保持蔬菜保鲜保绿色，必须采取措施防止叶绿体被破坏。

（2）风味变化。以黄瓜为例，幼嫩时略带涩味且香气扑鼻，随着成熟进程，涩味逐渐消退转而变甜，表皮由绿转黄，直至最终果肉发酸而失去食用价值，此时种子却已完全成熟。反观番茄、甜瓜等低淀粉果蔬，贮藏期间含糖量趋于减少；而苹果等富含淀粉的果蔬，采收后淀粉水解导致含糖量暂时上升，随后因呼吸作用消耗而下降。果实的酸度通常随着成熟或贮藏时间的增加而减少，因为有机酸作为呼吸底物被更快消耗。储存食品时，风味保持是衡量保鲜效果的重要指标。

（3）组织变软。例如，冬前刚采收的萝卜水分多，吃起来清脆鲜嫩；过冬后，萝卜切开后没有多少水分，组织疏松，好似多孔的软木塞。果蔬的这种组织变软现象是由复杂的生物化学过程引起的。

（4）果实软化。果实软化是成熟的显著标志，主要源于细胞壁结构的破坏和组成物质的降解，特别是果胶质的分解。此过程涉及果胶甲酯酶（PME）、多聚半乳糖醛酸酶（PG）和纤维素酶等关键酶的作用，它们共同促进了细胞壁成分的分解，尽管具体软化机理尚不完全清晰。

2.3.4.2 乙烯与果蔬成熟衰老的关系

乙烯作为一种植物激素，虽无色有味且难溶于水，但在极微量下就能对果蔬生理产生显著影响。乙烯的产生与果蔬的呼吸高峰同步，进入衰老阶段时更是急剧增加。乙烯能促使果蔬呼吸跃变期提前，通过影响呼吸作用中的电子传递链实现。跃变型果实接近成熟时会自产乙烯启动成熟过程，而非跃变型果实则依赖外界乙烯或自身微量乙烯使其后熟。常见果蔬产品的乙烯生成量如表2-2所示。

表 2-2　常见果蔬产品的乙烯生成量

类型	乙烯产生量	果蔬类别
非常低	≤ 0.1	芦笋、花菜、樱桃、柑橘、枣、葡萄、石榴、甘蔗、菠菜、芹菜、葱、洋葱、大蒜、胡萝卜、萝卜、甘薯、豌豆、菜豆、甜玉米
低	0.1 ~ 1.0	橄榄、柿子、菠萝、黄瓜、绿花菜、茄子、秋葵、青椒、南瓜、西瓜、马铃薯
中等	1.0 ~ 10	香蕉、无花果、荔枝、番茄、甜瓜
高	10 ~ 100	苹果、杏、油梨、猕猴桃、榴莲、桃、梨、番木瓜、甜瓜
非常高	≥ 100	番荔枝、西番莲、蔓密苹果

2.3.4.3 果蔬成熟与衰老的调控

（1）选择健壮的果蔬进行贮藏。果蔬从采收开始就进入衰老阶段，因此选择健壮、生长良好的果蔬进行贮藏是延缓衰老的第一步。这些果蔬通常具有更好的耐贮性和抗病性，能够在贮藏过程中保持更好的品质。

（2）控制贮藏条件。

①温度控制。不同种类的果蔬对温度的反应不一，因此必须根据果蔬本身对低温的适应性来确定贮藏温度。例如，绿熟番茄的贮藏温度为10 ~ 12℃，黄瓜为10 ~ 13℃，胡萝卜为0 ~ 1℃等。大部分蔬菜的贮藏适宜低温在0℃左右，低于这个温度可能会导致蔬菜受冻。

低温贮藏可以有效地抑制果蔬的呼吸作用和微生物的活动，从而延缓果蔬的衰老和腐烂。

②湿度控制。保持适宜的湿度可以防止果蔬失水萎蔫，保持其新鲜度和口感。一般来说，果蔬贮藏室的相对湿度应保持在90%以上。

③气体组成控制。控制贮藏室中的气体组成，如降低氧气浓度、提高二氧化碳浓度，可以抑制果蔬的呼吸作用，延缓其衰老。

（3）植物激素的调节。植物激素在果蔬的成熟与衰老过程中起着重要的调节作用。通过人工合成或使用天然激素，可以调控果蔬的成熟和衰老速度。例如，乙烯是促进果蔬成熟的重要激素，通过控制乙烯的产生和释放，可以延缓果蔬的成熟和衰老。同时，脱落酸（ABA）、生长素（IAA）、赤霉素（GA）和细胞分裂素（CTK）等激素也在果蔬的成熟与衰老过程中发挥着重要作用。这些激素的动态平衡调节着果蔬的发芽、生长、成熟、衰老和休眠等过程。

（4）钙处理。钙作为一种大量的营养元素，不仅影响着果蔬的品质，而且在延缓果蔬的衰老方面有较好的效果。通过钙处理，可以提高果蔬组织中钙的含量，从而增强果蔬的抗逆性和耐贮性。此外，钙还可以调节果蔬的呼吸作用，推迟其衰老进程。

2.3.5 果蔬病虫害与贮藏保鲜

果蔬在生长、采收及贮藏过程中，常常会受到各种病虫害的侵袭。这些病虫害不仅影响果蔬的产量和品质，还会对贮藏过程造成不利影响。

2.3.5.1 果蔬常见病害及其对贮藏的影响

（1）生理性病害。

①冷害与冻害。这两大问题都是由于不适宜的低温引起的。冷害表现为果蔬细胞膜变性，出现凹陷斑点、水渍状病斑等症状；冻害则是由冰点以下温度引起的组织冻结，导致细胞机械损伤。这两种病害都会加速果蔬的腐烂，降低贮藏品质。例如，黄瓜在 4 ~ 5℃的低温下贮藏易腐烂，而香蕉、芒果等热带水果对低温敏感，易发生冷害。

②气体伤害。这种病害包括低氧伤害和高二氧化碳伤害。低氧环境会抑制果蔬呼吸作用，但浓度过低会导致无氧呼吸，产生有毒物质；高二氧化碳环境同样会抑制呼吸，但浓度过高会引起代谢失调。这些气体伤害都会导致果蔬表面褐变、软化，从而加速腐烂。

（2）侵染性病害。

①真菌病害。例如，青椒、西红柿的果腐病（交链孢腐烂病）、根霉腐烂病、灰霉病等。这些病害多由真菌侵染引起，导致果蔬表面出现褐斑、软腐等症状。在贮藏过程中，这些病害会继续发展，加速果蔬腐烂。

②细菌病害。例如，青椒软腐病，由细菌感染引起，导致病果出现水浸状暗绿色斑，后变褐软腐。细菌病害在贮藏环境中易传播，对果蔬贮藏造成较大威胁。

2.3.5.2 果蔬常见虫害及其对贮藏的影响

果蔬常见虫害有以下几种。

果蝇：是果蔬贮藏期间的主要害虫之一，如杨梅果实采后常受到果蝇的侵害。果蝇成虫及幼虫会在果蔬上取食、产卵，导致果蔬腐烂变质。

蛀蚀虫：如蛀果蛾等，会在果蔬内部蛀食，造成空洞和腐烂。

蚜虫、螨类：这些害虫不仅会在果蔬生长期间造成危害，还可能随果蔬进入贮藏环境，继续取食果蔬汁液，导致果蔬品质下降。

果蔬虫害会对其贮藏造成以下影响。

加速腐烂：虫害造成的伤口为微生物提供了入侵途径，加速了果蔬的腐烂过程。

降低品质：害虫取食果蔬汁液和组织，导致果蔬外观受损、口感变差、营养价值降低。

传播病原菌：有些害虫在取食过程中会携带病原菌，从而在果蔬间传播病害。

2.3.5.3 果蔬病虫害防治措施

为了减轻果蔬病虫害对其贮藏的影响，可以采取多种措施。

（1）采前预防措施

选择抗病品种：在种植阶段就选择抗病性强的果蔬品种，从源头上减少病害的发生。

合理轮作与间作：通过轮作和间作，打破病虫害的生活史，减少病原菌和害虫的积累。

加强田间管理：合理施肥、灌溉，保持田间卫生，及时清除病残体和杂草，减少病虫害的滋生环境。

（2）采收与运输过程中的处理

适时采收：避免过早或过晚采收，以减少果蔬在贮藏过程中的生理病害。

精细采收：在采收过程中尽量减少机械损伤，因为损伤部位是病原菌和害虫的主要入侵点。

清洗与消毒：采收后，对果蔬进行清洗，去除表面的泥土和杂质，并使用合适的消毒剂（如食品级消毒剂奥克泰士）进行表面消毒，杀灭果蔬表面的微生物和害虫。

预冷处理：在运输前进行预冷处理，降低果蔬的田间热，减少贮藏期间的呼吸消耗和病害发生。

（3）贮藏过程中的管理

①控制贮藏条件。

温度：根据果蔬的种类和特性，设定适宜的贮藏温度。一般来说，大部分果蔬的适宜贮藏温度在 0 ~ 5℃，但也有一些果蔬需要在较高的温度下贮藏。

湿度：保持适宜的贮藏湿度，以减少果蔬的水分流失和防止表面干燥龟裂，从而减少病虫害的入侵。大部分果蔬的适宜贮藏湿度在 80% 左右。

气体组成：通过气调贮藏技术，调节贮藏环境中的氧气和二氧化碳浓度，抑制果蔬的呼吸作用和病原菌的活动。

②定期检查。在贮藏期间定期检查果蔬的新鲜程度和病虫害情况，及时发现并处理受感染的果蔬，防止病害扩散。

③物理防治。

热处理：在适宜的条件下对果蔬进行热处理可以杀死表面的病原菌和害虫，但需注意避免对果蔬品质造成不良影响。

臭氧处理：利用臭氧的强氧化性杀灭果蔬表面的微生物和害虫，同时分解果蔬释放的乙烯，延缓果蔬的衰老。

④生物防治。利用拮抗微生物（如拮抗酵母菌）防治果蔬采收后的病害。拮抗微生物通过与病原菌竞争营养与空间、对病原菌的重寄生作用以及诱导提高果蔬抗病性等方式来抑制病害的发生。

⑤化学防治。必要时，可以使用化学杀菌剂来防治果蔬病害。但需注意选择低毒、低残留的杀菌剂，并严格按照使用说明进行操作，以避免对果蔬品质和消费者健康造成不良影响。

（4）其他措施

应用防虫网罩：在贮藏环境中使用防虫网罩，防止害虫的侵入和繁殖。

分类存放：不同种类的果蔬应分类存放，避免互相影响，特别是避免将易感染病虫害的果蔬放在一起。

提高包装质量：使用具有良好承压能力、透气性和防潮性的包装材料，以减少果蔬在贮藏和运输过程中的机械损伤和病害发生。

2.4 果蔬采收后的管理

果蔬从采收至贮藏、运输及销售前，需经历一系列精心策划的处理流程。这些环节旨在强化果蔬的贮藏与运输能力，提升其作为商品的吸引力与竞争力，进而增加果蔬产品的市场价值（图2-1）。

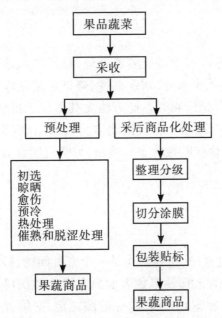

图2-1 果蔬采后商品化处理

2.4.1 预处理

2.4.1.1 初选

初选作为果蔬采后处理的首要环节,是不可或缺的一步。此过程旨在剔除所有不适宜食用或销售的部分,包括附着于蔬菜上的泥土、老化或残损的叶片、根茎,以及存在机械损伤、病虫害、畸形或尺寸不符合商品标准的蔬菜与果品。初选通常采用人工方式执行,有时也可与采收作业同步进行,操作过程中务必轻柔,以免对产品造成二次机械损伤。

2.4.1.2 晾晒

晾晒处理又称贮前干燥或萎蔫处理,针对含水量高、组织脆嫩的果蔬,通过适度晾晒减少水分,增强韧性,降低贮运过程中的损伤风险,并抑制微生物活动以延缓腐烂。此方法尤其适用于柑橘、叶菜类(如大白菜、甘蓝)及葱蒜类蔬菜。在我国北方,大白菜在砍倒后常进行田间或集中晾晒,以达到最佳贮藏状态。然而,晾晒过度也会导致品质下降,因此需严格把控。

2.4.1.3 愈伤

在果蔬采收过程中,机械损伤是一个常见问题,特别是对于块根、块茎、鳞茎类蔬菜而言。即使果蔬表面只有微小的伤口,也可能导致微生物的侵入,进而引发腐烂。因此,在贮藏之前,必须进行愈伤处理,以修复和愈合轻度受损的组织。

不同的果蔬产品,其愈伤条件也各不相同。例如,山药在38℃的温度和95% ～ 100%的相对湿度下愈伤24h,可以有效抑制表面真菌的活动并减少内部组织的坏死。马铃薯块茎则在21 ～ 27℃、90% ～ 95%的相对湿度下愈伤速度最快,但需要注意的是,木栓层在高于36℃或低温条件下都无法形成。柑橘果实在采收后,如果能在30 ～ 35℃、90% ～ 95%的相对湿度下放置两天,进行所谓的催汗处理,将有助于碰伤、刮伤、指甲伤的愈合,并防止青霉、绿霉孢子的侵入。

果蔬的愈伤能力因其种类不同而有所差异。一般来说,仁果类、瓜类、根茎类果蔬具有较强的愈伤能力;柑橘类、核果类、果菜类的愈伤能力相对较差;浆果类、叶菜类果蔬在受伤后通常无法形成愈伤组织。因此,愈伤处理主要针对具有愈伤能力的果蔬。此外,愈伤对于轻度损伤有一定的效果,但对于重度损伤的果蔬则无法形成愈伤组织,这些果蔬很快就会腐烂变质。果蔬的愈伤能力还与其成熟度有关。刚采收的果蔬具有较强的愈伤能力,但经过一段时间放置或贮藏后,进入完熟或衰老阶段的果蔬,其愈伤能力会显著衰退。一旦这些果蔬受伤,其伤口将很难愈合。

2.4.1.4 预冷

预冷处理对果蔬贮藏与运输至关重要,其主要作用包括:迅速排除田间热,降低果蔬体温,减少呼吸强度,保持品质;减少冷藏设施能耗;增强果蔬抗冷害能力,预防生理性病害。预冷处理需把握时机,尤其对于需低温贮藏或存在呼吸高峰的果蔬更为重要。同时,需根据果蔬特性选择合适的预冷温度与方法,避免冷害发生。

果蔬预冷主要采用空气冷却、水冷却和真空冷却三种方法。

(1)空气冷却。空气冷却分为自然降温冷却和强制通风冷却两种方式。自然降温冷却是将采收的果蔬放置在阴凉通风处,利用夜间低温自然降温,次日气温升高前入库。此方法简便节能,是生产中常用的方法之一,但遇冷时间长,降温难以达到所需温度。强制通风冷却则是将果蔬放入冷库,利用制冷设备和风机产生强制冷空气循环,带走果蔬表面热量,达到降温目的。此方法降温速度快,但投资较大。空气冷却法适用于多种果蔬,但冷却速度较慢。

(2)水冷却。水冷却是将果蔬产品浸在冷水中或用冷水直接冲淋以降温。冷水可以是低温水(0~3℃)或自来水。水冷却法降温速度快,产品水分损失少。由于冷却用水通常循环使用,为防止交叉感染,常在冷却水中加入防腐剂。商业上适合水冷却的果蔬产品有柑橘、胡萝卜、芹菜、甜玉米、网纹甜瓜和菜豆等。此方法适用于比表面积小的果蔬,成本低,但循环使用的水易污染,浸水后产品易腐烂。

(3)真空冷却。真空冷却是将果蔬放入真空罐内,迅速抽出空气和水蒸气,使产品表面水分在真空负压下蒸发而降温。此方法冷却速度极快,每降低 5.6℃失水量约为 1%。为避免产品水分损失,真空预冷前应向产品表面喷水,这既有助于避免水分损失,也有助于迅速降温。真空喷雾预冷设备即基于此需求而产生。真空冷却法主要用于比表面积大的叶菜类产品(如莴苣、菠菜),但使用上有一定局限性。此外,真空冷却法成本较高,适用于对经济价值较高的产品进行冷却。

选择预冷方式时,应根据果蔬品种选择适合的方法,预冷温度要适当,以防止冷害和冻害的发生。预冷后,应尽快将产品贮入已调好温度的冷藏库或冷藏车中。

2.4.1.5 热处理

电离辐射作为一种有效手段,能够延缓水果的成熟与衰老进程,抑制蔬菜的发芽现象,同时对抗微生物引起的腐烂,并减少害虫的滋生,从而显著延长农产品的贮藏期限。当前,国际上广泛采用 ^{60}Co 或 ^{137}Cs 作为辐射源,实施低剂量、短时间的照射策略。辐射剂量依据其应用目的划分为不同等级。

低剂量范畴(低于 1kGy):主要作用于调节植物代谢,有效抑制块茎与鳞茎类蔬菜的发芽,同时杀灭寄生虫,保障食品安全。

中剂量区间(1 ~ 10kGy):此剂量下,辐射不仅持续抑制植物代谢活动,还显著延长了水果和蔬菜的贮藏寿命,有效控制真菌的滋生,并彻底消灭沙门氏菌等有害微生物。

高剂量层级(超过 10kGy):实现了产品的全面灭菌,确保极高的卫生标准。

为防止辐射对新鲜果蔬造成潜在伤害,实际应用中仅采用低剂量照射,并需细致考量产品种类、品种特性及后续的贮藏管理策略。针对辐射可能带来的某些负面影响,可综合采用其他处理手段进行缓解,如适度冷却、温和加热或在真空环境下处理。据研究表明,在真空或低温条件下进行辐射处理,能有效防止产品色泽、香气与口感的劣变,尤其适用于对辐射较为敏感的产品。结合多种处理方式,往往能展现出更佳的协同效应。

关于辐射保藏产品的安全性与卫生标准,全球范围内均给予了高度关注。基于大量科学研究与理论分析,辐射食品被证实为安全无害。尽管如此,为确保公众健康,每种辐射食品均需历经详尽的分析检测与动物试验验证,待确认其绝对安全后,方可由政府立法批准投入生产流通环节。

2.4.1.6 催熟和脱涩处理

（1）催熟。部分果蔬在未达到完全成熟状态时即被采摘,此时它们色泽青绿、质地坚硬且口感欠佳。为了提升这些未完全成熟果蔬的品质,使其满足销售标准、达到最佳食用成熟度及外观表现,需采取人工干预措施促进其后续成熟过程,这一过程被称为催熟。

催熟处理的前提是果实需达到一定的生理成熟度,同时必须满足以下条件:使用催熟剂、保持适宜的温湿度、确保充足的氧气供应以及提供密闭的环境。常见的催熟物质包括乙烯、乙炔、乙醇、丙烯、丁烯等,其中乙烯因其广泛的应用范围和对各种果实的催熟效果而最为常用。一般认为,21 ~ 25℃是催熟果实的最佳温度范围,过高或过低的温度都会抑制相关酶的活性。在催熟过程中,适宜的湿度应维持在 85% ~ 90%。虽然催熟过程需要充足的氧气,但氧气过量积累也会削弱催熟效果,因此需定期为催熟室通风换气,随后再次密闭并输入乙烯。鉴于催熟环境的高温湿度条件易于致病菌的生长繁殖,因此必须重视催熟室的消毒工作。

香蕉催熟:将绿熟期香蕉置于催熟室或密闭塑料大帐中,注入 100mg/m³ 的乙烯,保持 22℃环境温度和 80% ~ 85% 相对湿度,处理 24 ~ 48h 后,当果皮微黄时即可上市。另可使用 40% 乙烯利溶液稀释 400 倍浸果或喷洒,处理 3 ~ 4d。需注意控制 CO_2 浓度不超过 1%,并每 24h 通风 1 ~ 2h,重新注入乙烯。

柑橘催熟:流程类似香蕉,但乙烯浓度增至 500 ~ 1000mg/m³,处理时间为 2 ~ 3d。

菠萝催熟:采用 40% 乙烯利溶液稀释 500 倍浸果或喷洒,保持 25℃和 85% ~ 90% 相对湿度,处理 3 ~ 5d。需每日通风并重复处理。

番茄催熟:将绿熟期番茄置于催熟环境中,注入 100 ~ 150mg/m³ 乙烯,或喷洒 40% 食用乙醇溶液,保持适宜温湿度条件,处理 24 ~ 72h 至果实转色。

（2）脱涩。脱涩主要针对柿子,因其富含可溶性单宁,与口腔黏膜蛋白结合产生涩味。成熟柿子也带涩,须脱涩后方能食用。脱涩原理在于促进果实无氧呼吸,生成乙醛、丙酮等中间产物与单宁结合,形成不溶性物质,从而脱除涩味。

温水脱涩:将柿子浸泡于 40℃ 温水中约 24h。

混果脱涩:与苹果、梨等果蔬或新鲜树叶混装于密闭容器,利用乙烯催熟并改善风味,室温下处理 4 ~ 6d。

石灰水脱涩:浸泡于 7% 石灰水中约 4d。

酒精脱涩:喷洒 35% ~ 70% 食用酒精后密闭,常温下处理 4 ~ 7d。

高 CO_2 脱涩:密闭环境中通入 60%CO_2,常温下处理 2 ~ 3d,适合大规模生产。

脱氧剂密封脱涩:使用脱氧剂去除氧气,促进无氧呼吸脱涩,处理后贮藏在 0 ~ 20℃ 条件下。

乙烯及乙烯利脱涩:密闭环境中通入乙烯或乙烯利处理,具体条件视方法而定。

冻结脱涩:在 −30 ~ −20℃ 快速冻结,解冻后食用需谨慎,以防变质。

2.4.2 整理分级

果蔬在其自然生长周期中,受多种环境因素影响,其作为商品的特性,包括尺寸、形态、颜色以及成熟度等方面,会展现出显著的差异性。即便是同一植株上结出的果实,这些商品属性也难以达到完全一致。鉴于此,为了确保果蔬产品的标准化与市场适应性,对采摘下来的果实依据特定标准进行分级显得尤为重要。

果实的分级过程往往依赖于视觉判断,这需要分级人员不仅精通分级标准,还需了解出口市场的具体需求,保持高度的专注与责任感,对每一颗果实都进行细致的检查。一般而言,每个果蔬品种会被划分为 3 ~ 4 个等级。分级作业的时间点可灵活选择,既可以在贮藏前进行分级,也可以在贮藏结束、即将销售之前进行分级,具体取决于实际情况和需求。若在贮藏前进行分级,一个显著的优势是能够提前剔除不符合标准的果实,从而有效节约贮藏成本。然而,也需注意到,即便是在贮藏前已经过细致分级的果实,在长时间的贮藏过程中仍有可能遭遇病害侵袭。因此,从实际操作的角度来看,更多时候会选择在贮藏结束后、正式销售之前进行分级,以确保果实的最新状态与市场需求高度匹配。

2.4.2.1 分级标准

果蔬分级的核心依据在于其品质与尺寸两大要素,而具体的分级标准则会因果蔬的种类与品种的多样性而存在差异。在品质分级方面,主要基于果实的外观形态、色泽鲜艳度、是否存在物理损伤以及病虫害状况来判定,通常划分为特等、一等与二等。特等品需展现出该品种独有的形态与色泽,无任何影响口感与质地的内在瑕疵,尺寸统一,包装内排列井然有序,在数量与重量上的允许误差控制在 5% 以内。一等品要求与特等品在品质上相当,但允许在色泽与形态上略有不足,如表面存在轻微斑点,这些并不影响整体外观与品质,包装排列无须严格对齐,数量与重量的允许误差范围放宽至 10%。至于二等品,虽然可能带有某些内外缺陷,但仍具备市场销售的资格。

果蔬分级工作可依据实际需求,遵循国际标准、国家标准、地方标准或行业标准来执行,确保分级过程的规范性与结果的准确性。

2.4.2.2 分级方法

(1)人工分级。人工分级主要依赖于目测或使用分级板,依据产品的颜色和大小将其划分为多个等级。这种方法的优势在于能最大限度地减少果蔬的机械损伤,适用于各种类型的果蔬,但其工作效率相对较低,分级标准不够严格,尤其在颜色判断上偏差较大。

(2)机械分级。机械分级更适用于那些不易受机械损伤的产品种类,其分级效率显著提高。在国外,特别是在苹果和柑橘的生产厂区,通常都配备有包装厂。采摘后的水果会直接运送至包装厂,在那里,劣质果如腐烂果、机械损伤果和病虫害果会被剔除。随后,水果经过清洗、干燥和打蜡处理,并按照既定标准进行分级包装。在一些自动化程度较高的厂家,他们采用电脑操作系统来精确鉴别产品的颜色、成熟度、大小以及是否存在伤残。整个分级、包装过程采用机械流水线式完成,包括洗果、吹干、分级、打蜡、称重和装箱等步骤,工作效率极高。

当前,机械分级主要包括以下几类。

(1)形状筛选机。依据果蔬大小分级,可分为机械式和光电感应式。机械式通过不同尺寸的缝隙或筛孔筛选果蔬,结构简单高效,但对果蔬形状有要求,适用于柑橘、李、洋葱等形状规则的果蔬。光电感应式则利用光电系统、红外线扫描或三维图像处理技术,精确测量果蔬尺寸及形状,智能化程度高,但操作复杂。

（2）重量分级机。依据果蔬质量与预设标准对比分级,可分为机械秤式与电子秤式,广泛应用于苹果、梨、桃等果蔬的分级。

（3）颜色分级机。又称色选机,通过彩色摄像机和计算机技术分析果蔬颜色,常用于番茄、柑橘等的分级,还能检测表皮损伤。

（4）颜色与形状综合分级装置。结合颜色与形状双重标准,实现更高精度的分级,是当前较为先进的分级技术。

（5）果蔬分级新技术。随着无损检测技术的发展,分级检测正逐渐深入到果蔬内部品质,如糖度、酸度等。检测方法多样,包括近红外分析法、力学成熟度分析法、可见光分析法、激光分析法及 X 射线分析法等,安装方式则分为便携式和在线固定式,旨在满足不同应用场景的需求。

2.4.2.3 切分涂膜

果蔬切分涂膜在保鲜和延长货架期方面发挥着重要作用。它能够有效减少果蔬切分后的水分损失,阻止外界气体及微生物的入侵,抑制呼吸作用,延缓乙烯产生,从而降低生理生化反应速度,延缓果蔬组织的衰老和腐败变质,保持产品的质量和稳定性。同时,涂膜还能在果蔬表面形成一层薄膜,改善果蔬的色泽,增加亮度,提高果蔬的商品价值。此外,通过涂膜处理,果蔬的保质期可以显著延长,减少因腐烂变质造成的损失,对于提升果蔬的经济效益和市场竞争力具有重要意义。

常用的涂膜材料包括天然高分子材料(如多糖、蛋白质、脂质等)和化学合成材料(如聚乙烯醇、壳聚糖等)。这些材料通常具有无毒、无味、可食用等特点,能够安全地应用于果蔬保鲜。

涂膜技术实施方式多样,主要包括浸涂、刷涂、喷涂、泡沫涂覆及雾化处理五大类。

（1）浸涂法。此法操作简便,仅需将特定浓度的涂料溶液准备好,随后将整个果实浸入其中,确保均匀裹上一层薄膜后,轻轻放置于倾斜且垫有泡沫塑料的表面上滚动沥干,最后装箱晾干。

（2）刷涂法。利用细软的毛刷蘸取调配好的涂料液,通过细致地在果实表面来回擦拭,使涂料均匀附着。国际标准流程涵盖从果实搬运、接收、清洗、干燥到涂蜡、刷果、再次干燥、挑选及装箱的全过程。

（3）喷涂法。使用喷雾设备将涂料均匀喷洒在果蔬表面,形成一层薄膜。这种方法效率较高,适用于大规模生产。

（4）泡沫涂覆法。利用安装在果实传输系统上方的泡沫发生器,将涂料以泡沫形式均匀喷洒至果实表面,随泡沫中的水分蒸发,最终在果实上形成一层均匀的涂膜。

（5）雾化处理法。通过先进的雾化装置,将涂料精细雾化后直接作用于传输带上的果实表面。现代涂膜机同样集成了清洗、干燥、雾化涂膜、低温干燥、分级及包装等一体化处理流程,极大提升了生产效率与涂膜质量。

2.4.2.4 包装贴标

（1）包装材料。在果蔬包装领域,常用的包装材料包括纸箱、塑料箱、木箱、泡沫箱、筐类以及网袋等。这些材料需具备良好的承压能力、透气性、防潮性和安全性。随着商品化的不断推进,各国都制定了相应的果蔬包装容器标准。例如,东欧国家常用的包装箱尺寸为600mm × 400mm 和 500mm × 300mm,而包装箱的高度则依据给定的容量标准来确定,以确保易伤果蔬每箱不超过 14kg,仁果类不超过 20kg。我国出口的鸭梨,每箱净重为 18kg,纸箱规格则根据每箱鸭梨的个数,设有 60、72、80、120、140 个等不同规格。

在果蔬包装过程中,为了进一步增强包装容器的保护功能,常常会使用一些辅助的包装材料,如包裹纸、衬垫物以及抗压托盘等。

（2）包装方法。现代产品包装中,水果通常采用定位放置法或制模放置法。定位放置法是利用一种特制的抗压垫,其表面设有与果实大小相匹配的凹坑,每个凹坑放置一个果实,放满一层后再叠加一个带凹坑的抗压垫,从而实现果实的分层隔开。这种方法虽然能有效减少果实损伤,但包装速度较慢且费用较高,因此更适用于价值较高的果蔬产品包装。而制模放置法则是将果实逐个放置在固定位置上,以确保每个包装都能实现最紧密的排列和最大的净质量,包装的容量则是按果实个数来计量的。

第3章

果蔬贮藏与管理

当新鲜果蔬产品达到一定的质量标准时,应及时进行采摘。然而,一旦果蔬脱离植株或土壤,它们便无法再获得营养和水分,因此极易受到内外多种因素的影响,导致质量下降,甚至迅速失去商业价值。为了保证新鲜果蔬的质量并减少损失,同时解决消费者的持续需求与季节性生产之间的矛盾,贮藏保鲜就显得至关重要。

新鲜果蔬产品的贮藏方式多种多样,常用的包括简易贮藏、通风贮藏、机械冷藏和气调贮藏等。无论采用何种方法,贮藏过程中都应基于果蔬的生物学特性,为其创造理想的贮藏环境。这样的环境旨在减缓导致果蔬质量下降的各种生理生化反应和物质转化速度,减少水分的散失,延缓成熟、衰老和生理失调的过程,同时控制微生物的活动以及由病原微生物引起的病害。

通过精心管理贮藏环境,可以有效延长新鲜果蔬的贮藏寿命,延长市场供应期,并减少产品损失,从而确保消费者能够持续享受到新鲜、健康的果蔬产品。

3.1 自然温度贮藏

我国地域广阔,南北气候迥异。在长期的生产实践中,劳动人民根据各地的气候、土壤条件等特点,创造了一系列简单而实用的果蔬贮藏方法,这些统称为简易贮藏。这些方法的共同之处在于它们都利用自然的低温环境作为冷源。虽然这些简易贮藏方式极易受到季节、地区和果蔬种类的限制,但因其操作简便、设施结构简单、材料易得且成本低廉,在我国北方尤其是秋冬季节的果蔬贮藏中得到了广泛应用。

3.1.1 简易贮藏

3.1.1.1 简易贮藏的类型

常见的简易贮藏方式有堆藏、沟藏、假植贮藏以及冻藏等。

(1)堆藏。堆藏是一种古老而实用的果蔬贮藏方式,它充分利用了自然气温的调节功能,在果园、菜地或场院阴棚下的空地上进行堆放。这种简易贮藏方法特别适用于那些价格低廉或自身较耐贮藏的果蔬产品,如大白菜、洋葱、甘蓝、冬瓜、南瓜等。在某些地区,苹果、梨和柑橘等水果也会采用临时堆藏的方式进行初步贮藏。

在选择堆藏的地点时,首先要考虑地势,优先选择地势较高的地方进行堆放,以防备可能出现的积水或潮湿环境。然后,可以根据果蔬产品的个体大小和形状来选择堆藏的具体方式。对于个体较大的产品,如大白菜、冬瓜、南瓜等,可以直接将果品或蔬菜堆放在田间浅沟或浅坑里。而对于个体较小的产品,如马铃薯等,可以先将一部分产品装袋或装筐,作为围墙搭建起来,然后将其余的产品散堆在围墙内部。

在堆藏的过程中,需要注意堆的大小和形状。一般来说,堆的宽度应控制在 1.52m，高度应控制在 0.51m。如果堆得过高，堆体容易倒塌，造成果蔬产品的机械损伤。堆得过宽则会导致中部温度过高，容易引发腐烂现象。堆的长度可以根据实际贮藏量来确定，并没有固定限制。

在管理堆藏的过程中，通风和覆盖是两大关键点。良好的通风可以保证堆内的空气流通，防止果蔬产品因缺氧而变质。同时，适当的覆盖可以保护果蔬产品免受风雨的侵袭，减少损失。在气温较高的地区，堆藏的效果会受到一定影响，因此堆藏更适用于温暖地区的晚秋和越冬贮藏。在寒冷地区，堆藏一般只在秋冬之际作短期贮藏时采用，以确保果蔬产品在短时间内保持新鲜。

通过堆藏这种简易的贮藏方式，不仅可以延长果蔬产品的保鲜期，还可以在一定程度上减少损失，提高经济效益。同时，堆藏也体现了劳动人民在长期生产实践中积累的丰富经验和智慧。

（2）沟藏。沟藏在我国北方地区尤为常见，特别是在秋冬季节。它巧妙地利用了气温和土温随季节变化的自然规律。在北方，秋季气温迅速下降，而土壤温度的变化相对滞后。这种差异使即使在冬季气温极低的情况下，土壤深处的温度仍然保持在 0℃以上，甚至在某些深度，土壤温度可以超过 0℃。因此，对于那些在地面堆藏时容易受冻的果蔬产品来说，沟藏提供了一种理想的越冬贮藏方式。

沟藏的原理在于利用土壤的温度稳定性，通过埋藏果蔬产品来保持其适宜的贮藏温度。除了维持温度外，土壤的保水性还有助于减少果蔬产品的水分流失，防止其萎蔫。同时，土壤层的阻隔作用使果蔬在呼吸过程中释放的二氧化碳得以积累，形成了一个自发的气调环境，有助于降低果蔬的呼吸作用并抑制微生物的活动。

沟藏适用于根茎类蔬菜、板栗、核桃、山楂等果实的产地贮藏，甚至有些地区的苹果、梨、柑橘等水果也采用这种方法进行贮藏。如果管理得当，这些产品可以从秋季一直贮藏到第二年的二三月份。

在进行沟藏时，要选择地势高燥、土质较黏重、排水良好、地下水位低的地方。从地面挖出一个沟，将果蔬产品堆放其中，最后用土壤覆盖。沟的深度和覆土的厚度可以根据需要贮藏的果蔬产品的种类和当地的气候条件来确定。在较寒冷的地区或需要较高贮藏温度的产品，沟应挖得深一些；而在较温暖或需要较低贮藏温度的地区，沟可以挖得浅一些。

沟的宽度一般控制在 1 ～ 1.5m，不宜过宽。沟的方向也要根据当地的气候条件来确定。在较寒冷的地区,为了减少冬季寒风的直接袭击,沟长最好为南北向;而在较温暖的地区,沟长多采用东西向,并将挖起的沟土堆放在沟的南面,以增大外迎风面并减少阳光对沟内的照射,从而加快沟内的降温速度。

在进行沟藏之前,果蔬产品应在沟边或其他地方进行临时预贮,以便充分散除田间热,使土温和产品温度都降低到接近适宜贮藏的温度。然后,再将产品放入沟中进行贮藏。在贮藏过程中,需要采取分层覆盖、通风换气等措施来控制贮藏环境的温度,以确保果蔬产品的质量和贮藏效果。

(3)假植贮藏。假植贮藏作为我国北方秋冬季节特有的蔬菜贮藏方式,展现了劳动人民的智慧和创意。这种方法在蔬菜充分成熟后,采取连根收获的方式,将蔬菜密集地假植在田间沟或窖中。通过这种方式,蔬菜能够利用外界的自然低温,进入一种极其微弱的生长状态。尽管生长缓慢,但蔬菜的根部仍然能够从土壤中吸收少量的水分和营养物质,甚至进行微弱的光合作用,从而长时间保持其生命力和新鲜品质。

假植贮藏特别适用于各种绿叶菜和幼嫩的蔬菜,如油菜、芹菜、香菜、大葱等。这些蔬菜由于其特殊的结构和代谢特点,使用一般的贮藏方法很容易失水萎蔫,导致贮藏期大幅缩短。然而,通过假植贮藏,这些蔬菜能够保持较长时间的新鲜度和生命力。此外,莴苣、花椰菜、小萝卜等蔬菜也可以采用这种方式进行贮藏。

在假植贮藏的管理过程中,维持一个冷凉但又不至于引发冻害的低温环境至关重要。通常,这个温度应控制在 0 ℃左右,最好是在蔬菜的冰点以上。此外,适当的水分补充也是必不可少的。在假植初期,要特别注意避免因气温过高或栽植过密导致的叶片黄化、脱帮或莴苣抽薹等问题。为了控制温度,一般采取夜间通风降温、白天用草席覆盖保温并遮挡阳光的措施。同时,要密切关注温度变化,防止蔬菜受冻。可以通过在沟内放置温度计来监测温度,一旦温度低于 0 ℃或看到菜叶上出现白霜,应立即增加覆盖物来保暖。随着气温的逐渐下降,对于露天的假植沟中的蔬菜,还需要使用多层草席或其他物品进行覆盖,并在北面设置风障,以保护蔬菜免受冻害。

通过精心管理,假植贮藏可以有效地延长蔬菜的贮藏期,确保消费者在冬季也能享受到新鲜、美味的蔬菜。

(4)冻藏。冻藏是一种在寒冷冬季特别有效的果蔬贮藏方式,尤其在北方地区广受欢迎。它的原理是利用入冬后的自然低温,将收获的蔬菜放置在背阴处的浅沟内,并通过适当的覆盖使其迅速冻结,并一直保持这种冻结状态。由于温度处于冰点以下,这种贮藏方式比0℃以上的低温贮藏更能有效抑制果蔬的新陈代谢和微生物活动,因此能够显著延长果蔬的贮藏时间,并保持其良好的品质。

冻藏特别适用于一些耐寒的果蔬,如菠菜、芹菜、柿子等。这些果蔬能够承受一定程度的低温冻结而不产生冻害,并且在解冻后能够迅速恢复新鲜状态,保持原有的风味和营养价值。然而,对于不耐寒的果蔬来说,冻藏并不是一个很好的选择,因为它们在解冻后容易出现软烂、变色、变味等问题,失去食用价值。

在进行冻藏时,有几个关键点需要注意。首先,冻结的速度越快越好。这有助于迅速降低果蔬内部的温度,抑制其生理活动,并减少营养物质的流失。其次,冻藏期间需要一直保持冻结状态,不能出现忽冻忽化的情况。这要求贮藏环境必须稳定,并且需要定期检查和维护。

通过合理的冻藏管理,可以确保果蔬在冬季得到良好的保存,并在春季解冻后仍然保持新鲜和美味。这种传统而有效的贮藏方式在北方地区的冬季果蔬保鲜中发挥着重要作用。

3.1.1.2 简易贮藏的特点

(1)温度变化。简易贮藏方式是一种依赖自然温度调节的有效方法,它充分利用了环境温度和土壤温度的特性来贮藏。这种贮藏方式的核心在于通过自然的温度变化来维持果蔬产品的新鲜度和品质。由于简易贮藏中的大多数方法都是将果蔬产品直接贮藏于土壤中,因此土壤温度的稳定与否对果蔬的贮藏效果具有至关重要的影响。

土壤作为一种天然的保温材料,具有较大的热容量。这意味着土壤能够储存大量的热能,并在温度变化时起到缓冲作用。当外界温度下降时,土壤中的热量会逐渐释放,从而保持果蔬贮藏环境的温度相对稳定,避免急剧的降温对果蔬造成冻害。同样,当外界温度升高时,土壤也能吸收部分热量,减缓温度上升的速度,防止果蔬因过热而变质。

窖藏作为简易贮藏方式中的一种,其特点在于将果蔬产品贮藏于地下,并配备了通风设施。这种贮藏方式能够充分利用土壤的热缓冲性能,使贮藏环境保持较低的温度水平,并且波动不大。窖藏中的通风设施则能够调节窖内的湿度和氧气含量,进一步延长果蔬的贮藏期限。

在窖藏中,土壤的温度稳定性起到了关键作用。由于土壤的热容量大,窖内的温度能够保持在一个相对稳定的范围内,避免了外界温度波动对果蔬贮藏的影响。同时,窖藏的通风设施也能够根据实际需要调节窖内的环境条件,使果蔬能够在最适宜的环境下进行贮藏。

(2)相对湿度变化。简易贮藏方式在农业领域中占据了重要的地位,它不仅简单易行,成本较低,而且能够有效地延长果蔬产品的保鲜期。这种贮藏方式的核心在于利用土壤的湿度调节功能,为果蔬提供一个相对稳定的湿度环境。

在简易贮藏中,不同种类的果蔬对湿度的要求各不相同,因此在选择贮藏场所时,必须根据果蔬的种类和特性来确定。例如,一些多汁的果蔬如西瓜、葡萄等需要较高的湿度环境,而一些干果如核桃、杏仁等则对湿度要求较低。因此,在选择贮藏场地时,需要充分考虑土壤湿度、地形、排水等因素,确保能够满足果蔬的湿度需求。

为了进一步提高简易贮藏的效果,可以采取一些人工手段来辅助调节湿度。在干燥的土壤处喷水是一种常见的做法,它可以有效地增加土壤湿度,为果蔬提供一个更加湿润的环境。然而需要注意的是,喷水的量要适度,过多或过少都可能对果蔬造成不利影响。过多的水分可能导致果蔬腐烂,而过少则可能使果蔬失水过多,影响品质。

除了喷水外,还可以通过其他方式来辅助调节湿度。例如,在贮藏场所内设置湿度计,实时监测土壤湿度,以便及时调整。同时,还可以采取覆盖措施,如使用塑料薄膜或稻草等覆盖物,来减少土壤水分的蒸发,保持土壤湿度稳定。

在简易贮藏过程中,建筑参数的设计也至关重要。贮藏场所的建筑参数应根据果蔬的种类和数量进行合理设计,以确保能够容纳足够的果蔬,并保持适宜的湿度和温度。例如,贮藏场所的通风性能要好,方便及时排除果蔬释放的二氧化碳和热量,以保持空气新鲜。同时,贮藏场所的密封性也要好,以防止外界空气和水分进入,影响贮藏效果。

(3)通气性能。在简易贮藏方法中,由于果蔬产品往往被大量堆积在一起,形成了一个相对密闭的环境,导致通气性能通常较差。这种环境对于果蔬的贮藏来说是一个挑战,因为果蔬在贮藏初期仍然保持着旺盛的呼吸活动。这种呼吸作用不仅会产生热量,使果蔬本身的温度升高,而且还会释放出水汽和二氧化碳等气体,这些气体在密闭环境中积累,进一步影响果蔬的品质。

为了保持果蔬的新鲜度和延长其贮藏期限,通风换气是简易贮藏中不可或缺的一环。通风换气的主要目的是将果蔬呼吸产生的热量和多余气体及时散发出去,以降低果蔬的温度并防止有害气体的积累。在通风良好的情况下,新鲜空气能够进入贮藏空间,为果蔬提供所需的氧气,并带走二氧化碳和其他有害气体,从而保持果蔬在一个适宜的生长环境中。

然而,在简易贮藏中,由于一些贮藏方式设计上的限制,往往没有专门的通风口或通风装置。即使存在通风装置,出风口和进气口也往往在同一水平面上,这样的设计使空气难以形成垂直对流,导致通风效果不佳。对于短期贮藏来说,这种通风不畅可能不会对果蔬的品质造成太大影响,因为果蔬在短时间内可以自我调节,保持相对稳定的状态。但是,对于长期贮藏来说,通风不畅会导致果蔬的温度升高、湿度增加,容易引发腐烂和病害,严重影响果蔬的品质和贮藏期限。

因此,在采用简易贮藏方法时,应特别注意通风换气的问题。可以通过改进贮藏设施的设计,增加通风口和通风装置的数量和位置,以提高通风效果。同时,在贮藏过程中要定期检查和调整通风装置的运行状态,确保通风畅通无阻。此外,还可以采用一些辅助措施,如使用除湿剂、放置活性炭等,来吸收多余的水分和有害气体,进一步改善贮藏环境。通过这些措施,可以有效提高简易贮藏的效果,延长果蔬的贮藏期限。

3.1.1.3 简易贮藏的管理

(1)温度管理。温度管理在简易贮藏中扮演着至关重要的角色,它直接影响到果蔬产品的保鲜效果和贮藏期限。为了有效管理温度,可以从两个主要方面着手:选择合适的贮藏场所和灵活调整覆盖物的厚度。

首先,在选择贮藏场所时,必须深入考虑果蔬产品的生理学特性。不同种类的果蔬对温度、湿度和通风条件的要求各不相同。因此,需要结合当地的地理条件、土壤状况及气候条件等因素,为特定果蔬产品建造一个适宜的贮藏场所。例如,对于需要较低温度的果蔬,可以选择地下窖藏或建造具有良好隔热性能的仓库。同时,考虑到果蔬产品的通风需求,贮藏场所的结构设计应确保空气流通,避免果蔬因缺氧而受损。

其次,根据气候变化情况灵活调整覆盖物的厚度是温度管理的关键。在果蔬刚刚进入贮藏场所的初期,由于果蔬本身还带有田间热以及它们旺盛的呼吸作用,会导致贮藏堆或窖内的温度迅速上升。为了迅速排除果蔬内部的热量,使温度降下来,在贮藏堆或窖顶应少盖或不盖干草、泥土等覆盖物,让空气自由流通。这样做不仅可以加速散热过程,还可以减少果蔬因高温而受损的风险。随着温度的逐渐下降,我们需要逐渐增加覆盖物的厚度。这是因为较厚的覆盖层具有更好的保温性能,可以有效地阻止外界冷空气的侵入,从而保持贮藏场所内部的温度稳定。同时,适当的覆盖还可以减少土壤水分的蒸发,保持果蔬产品所需的湿度。在调整覆盖物厚度时,需要密切关注天气预报和贮藏场所内部的温度变化,确保覆盖物的厚度始终保持在最适宜的水平。

（2）相对湿度管理。贮藏果蔬产品时,保持贮藏场所内相对湿度的稳定对于维持果蔬的新鲜度和品质至关重要。

在简易贮藏场所中,土壤的保湿性成了维持相对湿度的主要手段。土壤具有较强的吸湿和保湿能力,能够在果蔬贮藏过程中提供稳定的水分来源,从而保持贮藏环境内的湿度在一个适宜的范围内。这种自然的保湿机制对于许多果蔬来说至关重要,因为它们需要在一定的湿度条件下才能保持其原有的风味和营养价值。

然而,当贮藏环境的相对湿度偏高时,就需要采取一些措施来降低湿度,以防止果蔬因湿度过大而腐烂。这时加强通风成了一个有效的手段。通过增加通风口、改善通风设施等方式,可以加速贮藏场所内空气的流通,将多余的水分和有害气体排出,从而降低湿度。这种通风除湿的方法不仅简单易行,而且效果显著,对于控制贮藏环境的湿度非常有效。

当贮藏环境的相对湿度过低时,会导致果蔬产品发生干耗现象,影响其品质和口感。为了避免这种情况的发生,就需要采取增湿措施。喷水、空气喷雾等方法可以有效地提高贮藏场所内的湿度,为果蔬提供一个湿润的环境。在喷水时,需要注意控制喷水量和喷水频率,以免过量导致果蔬腐烂。同时,也可以使用加湿器等专业设备来进行增湿操作,确保贮藏环境的湿度始终保持在适宜的范围内。

（3）通风量管理。简易贮藏方式在保存果蔬产品时,由于其设计构造和自然环境的影响,通风性能往往相对较差。然而,通风对于果蔬的贮藏至关重要,因为它关系到贮藏环境内的湿度、温度以及氧气的分布,直接影响果蔬的保鲜效果和贮藏期限。因此,加强简易贮藏的通风管理尤为重要。

在堆藏和沟藏这两种简易贮藏方式中,覆盖物的放置位置需要特别留意。放置覆盖物通常是为了保持湿度和温度,但如果放置不当,则可能阻碍通风。例如,过多的覆盖物会阻挡空气流通,导致果蔬产品的呼吸作用受阻,从而加速果蔬的衰老和腐烂。因此,覆盖物的放置应适当,既要保持湿度和温度,又要确保果蔬产品与外界环境有一定的连通性,便于通风换气。

（4）其他管理。简易贮藏方式虽然在成本效益上具有一定优势,但由于其操作简便,环境控制相对粗放,因此在长期贮藏过程中,果蔬产品腐烂变质的问题往往难以避免。为了降低果蔬的腐烂率,延长其保鲜期限,采取一些辅助的处理措施是十分必要的。

在贮藏前期或贮藏期间,可以使用防腐剂、被膜剂或植物生长调节物质等化学方法来处理果蔬产品。防腐剂能够有效抑制微生物的生长和繁殖,减少果蔬因微生物侵染而导致的腐烂。被膜剂则能在果蔬表面形成一层保护膜,阻止外界空气、水分和微生物的侵入,保持果蔬的新鲜度和品质。植物生长调节物质则能调节果蔬的生理代谢,减缓其衰老过程,从而延长贮藏期限。

然而,需要注意的是,在使用这些化学处理剂时,应严格控制使用剂量和处理时间,以免对果蔬造成不良影响。同时,应选择符合国家食品安全标准的处理剂,确保果蔬产品的安全性。

除了化学处理外,简易贮藏期间还应该做好病虫和鼠害的预防工作。病虫害和鼠害是导致果蔬腐烂变质的重要因素之一,它们会破坏果蔬的完整性,降低其品质和贮藏期限。因此,在贮藏前应对果蔬进行严格的挑选和清洁,去除病虫害和杂质。在贮藏期间,应定期检查果蔬的状态,及时发现并处理病虫害和鼠害问题,可以使用物理或生物防治方法,如设置防虫网、使用生物农药等,来减少病虫害的发生和传播。

3.1.2 土窖洞贮藏

3.1.2.1 土窖洞贮藏的类型

简易贮藏的窖型结构主要有三种类型,每种类型都需根据特定的地理环境和条件进行设计和建造。首先来看大平窑型和侧窑型(也称为子母窑)。

大平窑型和侧窑型通常选择在土质紧密坚实、结构稳定的山区或丘陵地带进行建造。这些地区的地质条件优越,特别是红黏土和砾土等土壤,因其良好的保水性和稳定性,成为建造窑洞的理想选择。在崖边或陡坡处,根据地形和地势进行掏洞、挖窑,以最大限度地利用自然环境和地质条件。

在建造过程中,确保窑顶上部的土层厚度达到 5m 以上是一个重要的要求。这是因为足够的土层厚度可以提供良好的保温效果,同时确保窑洞的结构稳定和安全。这样的设计有助于维持窑洞内的温度稳定,为果蔬产品提供一个适宜的贮藏环境。

然而,在平原地区,由于没有傍崖靠山的条件,人们根据土窑洞的结构和原理,采用开明沟的方式建造砖窑洞。这种砖窑洞在设计和建造上与大平窑型和侧窑型有所不同,但同样注重保温和稳定性。通过选择合适的建筑材料和建造技术,确保砖窑洞能够满足果蔬产品贮藏的需求。

3.1.2.2 土窑洞的结构

(1)大平窑。简易贮藏的窑型结构是一种历史悠久且广泛应用的贮藏设施,特别适用于特定地区的果蔬产品贮藏。这种窑通常由多个关键部分和辅助设施组成,旨在提供一个稳定、适宜的贮藏环境,确保果蔬产品的质量和保鲜期。

窑洞主要由窑门、过渡间、贮果室和抽气筒等核心部分构成。窑门是窑洞的入口,它的设计至关重要,因为它不仅控制着窑内外的气流交换,还承担着防鼠的功能。大平窑通常设置两道门,第一道门的主要作用是在通风时防止老鼠进入,门上设置有通风孔以允许空气流通。第二道门则用于隔热,关闭时可以有效地阻止窑内外冷热空气的对流,起到隔热防冻的关键作用。

为了进一步增强防鼠效果,在第二道门的外侧挖有一个防鼠坑。这个坑通常宽 0.7 ~ 0.8m,深 0.8 ~ 1.0m,形状呈下底大而上口小,坑内装有水。这种设计可以有效地阻止老鼠通过窑门进入窑内,确保贮藏环境的清洁和安全。

两道门之间设置了一个过渡间,也称为进风道。这个过渡间的宽度和高度与贮果室一样,但有一个约 15° 的下斜设计。这样的设计旨在防止冷空气进入窑洞后直接接触果实,避免对果实造成伤害。同时,在春季气温升高时,过渡间也可以起到缓冲作用,避免洞内温度迅速升高。

窑身是贮藏果品的主体部分,其宽度通常在 2.5 ~ 3.0m,高度约 3m,长度可以根据需要设定为 30 ~ 50m。如果长度超过 50m,通风效果可能会受到一定影响。为了确保空气流通和防止积水,贮果室的前端要低于后部。

抽气筒是窑洞的另一个重要组成部分,它位于窑身后部的顶端,直径约 1m,高度在 7 ~ 10m。抽气筒的主要作用是通过其内部结构引导窑内的热空气上升并从顶端排出,同时允许外部的冷空气从窑门进入。为了控制气流,抽气筒与窑身连接处安装了排气窗,可以根据需要打开或关闭。

在抽气筒的下部,还挖有一个冷气坑。这个坑低于窑底约 1m,用于在冬季积累冷空气,以便在需要时通过抽气筒引入窑内,进一步降低窑内的温度。

(2)侧窑。侧窑型,又称子母窑,是一种从大平窑演变而来的独特贮藏结构,它巧妙地将窑洞的功能与地形相结合,形成了下坡道、母窑、子窑和通气孔四个主要组成部分。这种结构不仅具有良好的通风性能,还能有效地利用空间,是果蔬贮藏的理想选择。

从窑门进入,首先会看到一个缓缓向下的坡道,这是为了方便人们进出和运输果蔬而设计的。紧接着,就来到了母窑。母窑的长度通常在 10 ~ 20m,它不仅是连接各个子窑的通道,还承担着通风的重要作用。此外,母窑本身也可以用来贮藏果蔬,提高了空间的利用率。

与母窑水平方向垂直的是一系列子窑。这些子窑呈"非"字形或梳子形排列,使整个窑洞看起来既规整又实用。子窑的宽和高与母窑相同,长度则一般为 10 ~ 15m。子窑是主要的贮果部位,可以根据实际需要调整子窑的数量和大小。相邻两子窑之间的距离应保持在 5m 以上,以确保空气流通和便于管理。

抽气筒也是侧窑型中不可或缺的部分,它设在母窑的后端。抽气筒的内径和高度需要根据产品的贮藏量来确定,一般来说,直径 1.5m、高度 7 ~ 10m 的抽气筒就可以满足窑内通气的需要。如果子窑的长度超过 10m,或者仅靠母窑的抽气筒无法满足通风需求时,就需要在子窑中另设抽气筒。这样可以确保每个子窑都能得到充足的通风,保证果蔬的贮藏质量。

（3）地下式砖窑。地下式砖窑，作为一种独特的贮藏设施，其设计和建造过程都体现了传统智慧与现代技术的完美结合。在选址和建造之初，工匠们首先会在地面上精心开挖一条明沟，为后续的砌筑工作打下坚实的基础。紧接着，工匠们使用坚固耐用的砖块砌筑起拱形顶的窑洞。

窑洞的高度和宽度一般为 4m，确保了内部空间的宽敞与实用。而窑墙的直接高度则严格控制在 2m，这样既保证了结构的稳固性，又充分考虑了保温和通风的需求。完成砖砌结构后，一层厚厚的土壤会被均匀地覆盖在窑洞上方。这不仅是为了增强结构的稳定性，更是为了确保窑洞内部能够保持一个恒定的温度，防止外界温度波动对贮藏的果蔬造成影响。通常，窑顶土层的厚度会保持在 4m 以上，以确保其保温和隔热效果。

为了确保窑洞内部空气流通，抽气筒的设计同样非常重要。其作用与前面讨论的一样，这里不再赘述。

除了这些基本构造外，地下式砖窑在设计上还借鉴了大平窑和子母窑的优点。无论是通风、保温还是贮藏容量等方面，都进行了充分的考虑和优化。这种设计使地下式砖窑既能够满足大规模贮藏的需求，又能够确保果蔬在贮藏过程中保持优良的品质和口感。

值得一提的是土窑洞的窑门设计。为了避免阳光直射导致窑内温度上升，同时也有利于窑内的自然通风降温，土窑洞的窑门通常朝北或朝向冬季的迎风面开设。这样的设计不仅有助于维持窑内温度的稳定性，还能够在一定程度上减少外界环境对窑内环境的影响。在寒冷的冬季，窑门朝向迎风面还可以利用风力进行自然通风降温，为果蔬提供一个更加适宜的贮藏环境。

3.1.2.3 土窑洞贮藏的管理

（1）温度管理。在秋季，随着季节的更迭，白天的温度往往高于窑内的温度，而到了夜间，温度则逐渐低于窑内的温度。随着时间的推移，夜间温度低于窑温的情况逐渐增多，并持续时间更长。针对这种情况，管理人员应及时采取行动，开启窑门和通风孔筒进行通风，让外界冷空气迅速导入窑内，同时让窑内的热气顺利排出。这样不仅能有效地降低窑内温度,还能保持窑内空气的清新。

进入冬季,气温骤降,对于窑内的贮藏产品而言,如何确保它们在低温条件下不受冻害成为关键问题。在不影响贮藏品质的前提下,应尽可能地进行通风,最大限度地利用自然环境,为贮藏产品提供一个理想的贮藏环境。

春夏季则是另一个挑战。随着气温的逐渐升高,如何防止或减少窑内外空气的对流,或者说窑内外热量的交流,成为管理的重点。为了最大限度地抑制窑温的升高,当外界温度高于窑内温度时,需要紧闭窑门、通气筒和小气孔,尽量减少窑门的开启次数,以减少窑内冷气的流失。这样可以有效地减缓窑内温度的上升速度,保持贮藏产品的品质和新鲜度。

(2)湿度管理。在探讨窑洞在冬季的维护和管理时,提到的三种方法——冬季贮雪、贮冰,窑洞地面洒水,以及产品出库后窑内灌水——都是为了提高窑洞内的湿度和降低温度,从而确保窑洞的结构稳定并保持良好的储存环境。

①冬季贮雪、贮冰。在冬季,贮雪和贮冰是一种既环保又有效的降温增湿方法。当冰雪融化时,它们会吸收周围的热量,从而降低窑洞内的温度。同时,融化的水也会增加窑洞内的湿度,这对于保持储存物品的湿度非常有利。此外,这种方法还可以减少冬季供暖的能源消耗,因为窑洞内的温度可以通过自然方式得到调节。为了实施这一方法,可以在窑洞附近或顶部设置专门的贮雪、贮冰区域。当需要时,可以通过自然融化或人工方式将冰雪引入窑洞内。需要注意的是,要确保冰雪融化后的水不会造成窑洞内出现积水问题,可能需要设置排水系统。

②窑洞地面洒水。窑洞地面洒水是一种简单而有效的增湿降温方法。水分蒸发时会吸收周围的热量,从而降低窑洞内的温度。同时,水分也会增加空气中的湿度,有助于保持储存物品的湿度需求。这种方法特别适合在干燥的季节使用。为了实施这一方法,可以定期使用洒水器或水桶等工具向窑洞地面洒水。需要注意的是,洒水的量要适中,避免造成积水问题。此外,洒水的时间也要根据天气和窑洞内的湿度情况来确定。

③产品出库后窑内灌水。当产品从窑洞中出库后,窑洞内的湿度会迅速下降,这可能导致窑壁裂缝和塌方等问题。为了保持窑洞的结构稳定,可以在产品出库后在窑内灌水。这样,水分可以被窑洞四周的土层

缓慢地吸收,从而基本抵消通风造成的土层水分亏损。在实施这一方法时,可以先使用喷雾器向窑顶及窑壁喷水,使它们保持湿润。然后,在地面灌水,让水分自然渗透到土层中。需要注意的是,灌水的量要适中,避免窑洞内出现积水问题。此外,灌水后要及时通风,以排出多余的水分和潮气。

（3）窑洞消毒。在贮藏窑洞内,由于环境相对封闭且湿度较高,容易滋生大量的有害微生物。这些微生物中,尤其是那些引起果品和蔬菜腐烂的真菌孢子,成了贮藏过程中发生侵染性病害的主要病原。真菌孢子的存在不仅会导致果品和蔬菜的品质下降,还会缩短它们的保质期,给农户和商家带来经济损失。

为了有效地控制和消除这些有害微生物,可以在窑内采取一系列消毒措施。其中,燃烧硫黄是一种常用的方法。硫黄在燃烧时会释放出二氧化硫气体,这种气体具有强烈的杀菌作用,可以有效地杀灭窑洞内的真菌孢子和其他有害微生物。需要注意的是,硫黄燃烧时要确保安全,避免火灾和有害气体泄漏。

除了燃烧硫黄外,还可以使用化学消毒剂进行喷雾消毒。例如,2%的福尔马林(甲醛)溶液和4%的漂白粉溶液都是常用的消毒剂。这些消毒剂具有广谱杀菌作用,能够迅速杀灭窑洞内的真菌孢子和其他有害微生物。在使用这些消毒剂时,需要按照正确的浓度和方法进行喷雾,在确保消毒效果的同时,也要避免对环境和人体造成危害。

在进行窑洞消毒时,还需要注意以下几点:要确保窑洞内通风良好,以便消毒剂能够均匀地分布到各个角落;要选择合适的消毒剂,避免使用对果品和蔬菜有害的化学物质;在消毒后要彻底清洗窑洞,去除残留的消毒剂,确保果品和蔬菜的安全。

（4）封窑。在储存果品和蔬菜的窑洞中,温度的调控至关重要。特别是在无低温气流可利用的情况下,如何有效地保持窑洞内的温度变得尤为重要。此时,封闭所有的孔道成了一项关键措施。

仔细检查窑洞的所有孔道,确保它们都处于封闭状态。这些孔道可能包括通风口、门缝、窗户等,任何一处漏风都可能导致窑洞内温度的波动。因此,必须使用适当的材料对这些孔道进行封闭。

对于窑门,由于其是窑洞与外界接触的主要通道,因此封闭工作尤为重要。建议使用土坯或砖块等材料,结合麦秸泥等黏性物质,对窑门进行严密封闭。土坯和砖块具有良好的保温性能,能够有效地阻挡外界的热量传入窖洞内。而麦秸泥则能够增强封闭效果,使窖门更加牢固。

通过封闭所有的孔道和窖门,以尽可能地减少窖洞与外界的热量交换,从而保持窖洞内的温度稳定。冬季蓄存的冷量可以在高温季节起到降温的作用。如果孔道和窖门没有封闭好,这些冷量就会流失,导致窖洞内的温度升高,从而影响果品和蔬菜的储存质量。

因此,在无低温气流可利用的情况下,及时封闭所有的孔道和窖门是保持窖洞内温度稳定的重要措施。这不仅能够减少能量的损失,还能够提高果品和蔬菜的储存质量,为农户和商家带来更大的经济效益。

3.1.3 通风库贮藏

3.1.3.1 通风贮藏库的设计和建造

(1)库型选择。通风贮藏库是储存果品、蔬菜等农产品的重要设施,其设计和建造需充分考虑当地的气候条件和地下水位的高低。根据这些因素,通风贮藏库可以细分为地上式、半地下式和地下式三种类型,每种类型都有其特点和适用场景。

地上式通风贮藏库是指库体全部建在地面上,这种类型的贮藏库在温暖地区较为常见。由于它完全暴露在空气中,因此受气温的影响最大。这种设计使通风效果非常好,有利于库内空气的流通和新鲜空气的进入,减少农产品在储存过程中的呼吸作用,延长其保鲜期。然而,地上式通风库的保温性能相对较差,在寒冷的季节可能需要额外的保温措施来防止农产品受冻。

半地下式通风贮藏库是库体大约有一半在地面以下的结构。这种设计在华北地区等气候适中、地下水位适中的地区较为常见。由于部分库体深入地下,土壤对库体的保温作用增强,使库内温度相对稳定,有利于农产品的储存。同时,半地下式通风库也具有一定的通风效果,能够满足农产品储存过程中对空气流通的需求。

地下式通风贮藏库是库体全部深入土层的结构,仅库顶露在地面。这种设计在东北、西北等冬季严寒地区较为常见。由于库体完全处于地下,土壤对库体的保温作用达到最大,使库内温度能够保持相对稳定,非常适合在冬季进行农产品的储存。同时,地下式通风库也需要考虑通风问题,以确保库内空气的流通和新鲜空气的进入。

需要注意的是,在地下水位高的地方,由于土壤湿度较大,无法建成半地下式通风库,此时可以选择建造地上式通风库。虽然这种设计在保温性能上可能稍逊于半地下式和地下式通风库,但通过合理的通风和保温措施,仍然可以满足农产品的储存需求。

(2)建库地点。在选择建造通风贮藏库的地点时,必须细致考虑多个因素,以确保库房的功能性和适用性。

地势的选择至关重要,应选择在地势高且干燥的地方,这样不仅可以有效避免地面潮湿带来的潜在问题,如霉菌滋生和货物受潮,还能确保库内环境的干燥和稳定。

通风良好是另一个重要的考量因素。良好的通风有助于库内空气的流通,降低湿度,减少农产品在储存过程中因呼吸作用产生的热量和二氧化碳积聚,从而延长农产品的保鲜期。同时,选址时还需注意避免空气污染。确保库房周围没有污染源,如化工厂等,以防止污染物对农产品造成污染,影响农产品的质量和食用安全。另外,交通的便利性也是不容忽视的因素。选址时应考虑交通的便捷性,确保农产品能够方便、快捷地运入和运出库房,提高储存和运输的效率。

在确定了库房的基本位置后,还需根据地域特点来确定库房的方向。在北方地区,由于冬季寒风凛冽,为了减少寒风对库房的影响,降低库温,库房的方向以南北长为好。这样可以减少北面寒风的直接袭击面,同时有利于冬季阳光的照射,提高库内的温度。而在南方地区,由于冬季阳光较为强烈,为了减少阳光对库房墙面的直接照射时间,降低库温,库房的方向则宜采用东西长。这样不仅可以减少阳光对墙面的照射时间,还能加大迎风面,利用自然风来降低库温,提高农产品的储存质量。

(3)库容以及库的平面配置。在规划通风贮藏库时,首先需要根据预期的库容量来精确计算出整座库房的面积和体积。这一计算过程必须细致入微,因为要确保库内的空间布局既高效又安全。在计算面积时,需要充分考虑到盛装果实容器之间的间隔距离,这是为了确保容器之间有足够的空间进行通风和散热,防止果实因过热而受损。同时,容器与墙壁之间的间隔距离也不能忽视,这不仅可以防止果实直接接触冰冷的墙壁而受冻,还可以方便日后的清洁和维护工作。

除了贮藏间本身的面积,还需要考虑到走道和操作空间所占的面积。走道是库房内的重要通道,它连接着各个贮藏区域,方便工作人员进行日常的巡视、管理和维护。而操作空间则是工作人员进行货物装卸、分拣等工作的场所,需要保证足够宽敞,以确保工作效率和安全性。

此外,防寒套间等设施的面积也不容忽视。在寒冷地区,防寒套间可以起到很好的保温作用,减少外界低温对库内温度的影响,确保农产品能够在适宜的温度下储存。

在形状上,通风库一般建成长方形或长条形,这样的设计有利于通风和散热,同时也可以最大化地利用空间。为了方便使用和管理,库房不宜太大,过大的库房不仅会增加管理难度,还会增加能耗和维护成本。因此,建议每一个库房的贮藏量控制在 100 ~ 150t。

当贮藏量比较大时,可以考虑由几个小贮藏间组合而成库群。库群中间设有走廊,库房的方向与走廊相垂直,库房的大门开向共同的走廊。这样的设计既可以保证每个库房都有足够的通风和散热空间,又可以方便工作人员进行巡视、管理和维护。同时,走廊作为缓冲地带,还可以减少外界环境对库内温度的影响,提高库房的保温性能。此外,走廊还便于装卸产品和进行相应的操作,提高了工作效率和安全性。

3.1.3.2 通风库的库体结构

(1)隔热结构。通风库作为储存农产品的重要设施,其设计的核心在于维持库内稳定的温度,以确保农产品在储存过程中不受外界温度变动的影响。这要求通风库具备适当的隔热结构,以便在极端气候条件下仍能保持库内温度的稳定。

通风库的墙体常采用砖木结构或水泥结构,这些结构不仅坚固耐用,还能有效地支撑库顶的重量,同时作为维护结构保护库内的农产品。在库体的地上暴露部分,特别是库顶、地上墙壁、门窗等关键部位,需要设置专门的隔热结构来起到隔热保温的作用。地下部分则主要依赖土壤的自然保温性能来维持温度稳定。

为了增强隔热效果,通常在库顶和库墙上铺设隔热层。这些隔热层由导热性能差的材料构成,热导率一般小于 0.2,以确保热量难以通过墙体传递。隔热层的厚度需根据所选用的隔热材料来确定,以达到最佳的隔热效果。

在选择隔热材料时,除了考虑其导热性能外,还需考虑其他因素。首先,材料应不易吸水霉烂,以防止因潮湿而导致的霉变和腐烂问题。

其次,材料应不易燃烧,以确保库房的消防安全。此外,材料应无臭味,避免对农产品产生不良影响。最后,材料的取材应容易,以降低建设成本。

在建造通风库的隔热层时,选择适当的隔热材料是至关重要的。不同的隔热材料因其导热性能的差异,所要求的隔热层厚度也各不相同。以常见的软木板为例,若要达到 1cm 厚软木板的隔热效果,使用锯末作为隔热材料时,其厚度需要达到 1.3cm 以上;而如果使用砖块作为隔热材料,则厚度可能需要增加到 13cm 以上。

除了考虑隔热材料的隔热性能外,成本也是建造隔热层时不可忽视的因素。在生产实践中,我们倾向于选择那些既具有良好隔热性能,又成本低廉且易于就地取材的材料。例如,锯末、稻壳和炉渣等材料,它们不仅具有良好的隔热性能,而且成本相对较低,非常适合用于建造通风库的隔热层。

为了便于使用这些材料建造隔热层,一种常见的方法是采用夹墙结构。具体来说,就是将库墙建造成夹墙形式,然后在两墙之间的空隙中填充这些隔热材料。这种结构不仅能够有效隔绝外界温度的影响,还能增强库墙的整体稳定性。

另外,为了进一步提高隔热效果,还可以在库墙内侧装置隔热性能更高的材料,如软木板或聚氨酯泡沫板等。这些材料具有出色的隔热性能,能够有效阻止热量的传递。但在安装这些材料时,要注意防潮,以避免因潮湿而导致的材料损坏或隔热性能下降。

(2)库顶结构。在设计和建造通风库的库顶时,拱顶式是一个极为理想的选择。这种库顶的设计呈弧形,既美观又实用,通过结合砖和水泥的坚固结构,确保了库顶的稳固和耐久性。根据不同的贮藏需求和空间布局,库顶可以灵活制作成"单曲拱""双曲拱"或"多曲拱"的形式。

"单曲拱"的设计通常每曲宽度在 6m 左右,从库内仰视,库顶呈现为一个完整的半圆形长筒,表面平整且线条流畅。这种设计不仅美观大方,而且能够有效分散库顶的压力,提高整体结构的稳定性。而"双曲拱"的设计则更加独特,它与整个大拱相垂直,使库顶的表面呈现出一条弧棱的形状。这种设计在保持库顶美观的同时,还能进一步增强库顶的承重能力和稳定性。"多曲拱"的设计则更加灵活多变,可以根据具体的贮藏需求和空间布局进行调整。无论选择哪种拱顶形式,拱顶式结构都因其简单、施工方便而备受青睐。在施工过程中,可以通过预制拱形砌块或使用模板浇筑水泥的方式来实现,既提高了施工效率,又保证了库顶的质量和美观。

（3）通风系统。通风系统是通风库设计中至关重要的组成部分,其性能将直接决定通风库的贮藏效果。在农产品储存过程中,单位时间内进出库的空气量对于维持库内温度稳定至关重要。通风系统的主要目标是确保在秋季产品入库时,能够迅速有效地排出库内的热空气,并引入外界的冷空气,从而达到降温的目的。

目前,通风库常用的通风系统主要有两种类型。一种是自然通风系统,它利用库内外的温差以及冷热空气的重量差异来形成自然对流。具体来说,当库外温度较低时,冷空气较重,会自然下沉并从进风口进入库内;而库内的热空气较轻,会上升并从出风口排出。这种通风方式的关键在于合理设计进排气口的面积、结构和配置方式,以保持进排气口之间的高度差,从而确保空气能够形成稳定的对流方向和路线,避免倒流和混流现象的发生。另一种通风系统是强制式通风系统,它依靠风机来强制引入外界冷空气并排出库内的热空气。在这种系统中,风机通常安装在排风口处,通过控制风机的风量和风压,可以确保足够的空气流通量。风机的风量和风压需要根据进出气口的大小、库体的结构以及降温时所要带走的最大热量等因素进行计算和选择。此外,进入库内的风量可以通过调节出风口开启的大小来进行控制,以适应不同的贮藏需求。

两种通风系统各有优缺点。自然通风系统无须电力支持,运行成本低,但通风效果受外界天气条件影响较大;而强制式通风系统则能够确保稳定的通风效果,但需要电力支持,运行成本相对较高。在实际应用中,可以根据具体情况选择适合的通风系统,或者结合两种系统的优点进行设计和建造,以达到最佳的贮藏效果。

3.1.3.3 通风库的管理

（1）库房和器具清洗消毒。在产品入库进行贮藏之前,以及产品出库之后,对库房的清洁和消毒工作都是至关重要的。这不仅关系到产品的贮藏效果,更直接影响到产品的品质和安全性。

在产品入库之前,首要任务是将库房彻底打扫干净。所有的灰尘、残留物以及可能存在的杂质都必须被清除,以确保库房的清洁度。同时,一切可以移动和拆卸的设备、用具都应被搬至库外进行晾晒。这不仅可以进一步去除这些设备、用具上的污渍和异味,还能通过阳光的照射进行初步的消毒。

库房的门窗应全部打开,进行通风换气。这一步骤旨在去除库房内可能存在的异味,并为接下来的消毒工作作好准备。

在通风完毕后,需要对库房进行全面的消毒。消毒是防止和减少贮藏过程中病虫害发生的关键措施。消毒的方法有多种,可以采用2%的甲醛或5%的漂白粉液进行喷雾消毒。这些消毒剂能够有效地杀灭库房内的细菌、病毒和害虫,确保产品的安全贮藏。

另外,也可以采用燃烧硫黄的方法进行熏蒸消毒。硫黄熏蒸是一种常用的消毒方法,硫黄用量一般为 $1.0 \sim 1.5 kg/100m^3$。在熏蒸时,应将各种容器、果蔬架等都放在库内,然后密闭库房 $24 \sim 28h$。这样可以确保消毒剂能够充分渗透到库房的各个角落,杀灭可能存在的病菌和害虫。

熏蒸消毒完成后,应及时通风排尽残留的药物。这可以通过打开门窗或排气窗来实现。通风的时间应足够长,以确保库房内的药物残留完全排出。

除了对库房进行消毒外,库墙、库顶、果蔬架等也应进行清洁和消毒。可以使用石灰浆加 $1\% \sim 2\%$ 的硫酸铜进行刷白,这不仅可以起到清洁作用,还能有效地杀灭可能存在的病菌和害虫。

使用完毕的容器应立即进行清洗和消毒。首先用清水将容器洗净,然后用漂白粉溶液或 $2\% \sim 5\%$ 的硫酸铜溶液进行浸泡。这样可以确保容器内部和外部的污渍和病菌都被彻底清除。浸泡完成后,应将容器晒干备用,以便下次使用。

(2)果蔬入库和码放。在果蔬入库之前,除了必要的库房消毒步骤外,通风降温同样重要。这一步骤是为即将入库的果蔬产品提供一个温度适宜的环境,确保它们能够在进入库内后迅速达到并维持在一个理想的贮藏温度。

为了达到这一目的,通常选择夜间进行通风降温,因为此时外界温度相对较低。夜间开启库房的通风设备,利用自然风或机械通风系统将库外的冷空气引入库内,同时将库内的热空气排出。白天则关闭库房,利用库房自身的保温性能保持低温状态。

此外,入库前还需要注意库内的湿度情况。如果库内的湿度低于果蔬贮藏所要求的相对湿度,会导致果蔬失水过快,影响其品质和贮藏寿命。为了增加库内的湿度,可以在地面喷水或利用加湿器等设备来提高湿度。

通风库贮藏的关键在于利用通风对温度进行有效调节。因此,果蔬产品在库内的码放方式也至关重要。为了确保空气能够流通通畅,果蔬产品通常需要装箱或装筐,并分层码放。同时,在库内配置果蔬架时,底部或四周也应留有缝隙,以便空气能够自由流通。此外,堆码之间也应留有通风道,以确保空气能够均匀分布到每个角落。

通过合理的通风降温和码放方式,可以为果蔬产品创造一个理想的贮藏环境,使其能够长时间保持新鲜和美味。

(3)温湿度管理。温湿度管理是通风库贮藏中至关重要的环节,这一管理过程主要依赖于对通风量和通风时间的精准控制。与前面所描述的窑洞通风方式类似,通风库也需要通过合理调节通风量来实现库内温湿度的平衡。

为了保持库内适宜的湿度,通常在库内安装湿度计进行实时监测。当发现库内湿度不足时,可以采取多种措施来提高湿度,比如洒水、挂湿草帘等。洒水是最直接有效的方法,通过向地面或墙面喷洒适量的水,可以迅速增加空气中的湿度。而挂湿草帘则是利用草帘的吸水性,使其自然释放水分,从而逐渐提高库内湿度。

在果实全部出库后,为了保持库内的清洁,防止夏季高温空气进入,需要对通风库进行彻底的打扫和封闭。关闭排气筒或通风系统,可以有效隔绝外界的高温空气,为下一季的贮藏工作作好准备。

由于通风库没有制冷系统,其贮藏效果仍难以达到十分理想的程度。在夏季高温季节,库内温度可能会升高到影响果蔬品质的程度。为了解决这个问题,一种有效的方法是在库内建设一个贮冰室,即充分地利用外界的冷源,降低库内温度。这种方法不仅可以在一定程度上替代制冷系统,而且成本较低,易于实施。

3.2 机 械 冷 藏

机械冷藏技术是现代农业和食品工业中不可或缺的一部分,它依靠制冷剂的相变特性,通过制冷机械循环运动产生冷量,进而实现对具有良好隔热效果的库房内的温湿度的精确控制。这种贮藏方式旨在根据不同贮藏商品的要求,将库房内的环境条件控制在最有利于延长产品贮藏期的水平,并通过适当的通风换气确保产品的新鲜度和品质。

机械冷藏的历史可追溯到 19 世纪后期,自那时起,它经历了多次技术革新和进步,如今已成为全球范围内应用最广泛的新鲜果蔬贮藏方式。在我国,机械冷藏更是成为新鲜果蔬贮藏的主要方式,不仅确保了果蔬在储存过程中的品质和安全,还大大延长了果蔬的货架期,满足了市场对新鲜果蔬的全年供应需求。

随着科技的不断发展,机械冷藏库正向着操作机械化、规范化,控制精细化、自动化的方向迈进。这意味着在机械冷藏库中,从制冷系统的运行到库房的温湿度控制,再到产品的装卸和储存管理,都实现了高度的自动化和智能化。这不仅提高了工作效率,降低了人力成本,还确保了产品质量和安全的稳定性和可追溯性。

在机械冷藏库中,根据对温度的不同要求,可以将冷库分为高温库(0℃左右)和低温库(低于 −18℃)两类。用于贮藏新鲜果蔬的冷库一般为 0℃左右的高温库,这种温度条件能够最大限度地保持果蔬的新鲜度和口感。同时,根据冷藏库的贮藏容量大小,可以将其划分为不同的类型,如表 3–1 所示。这些不同类型的冷库可以适应不同规模和需求的果蔬贮藏需求(表 3–2)。

在我国,大型、大中型冷藏库的比例相对较小,而中小型、小型冷藏库则占据了较大的市场份额。近年来,随着个体投资者的增多,小型冷藏库的建设逐渐增多。这些小型冷藏库的建设,不仅为当地的果蔬产业提供了重要的支撑,还带动了相关产业的发展。

表 3-1 机械冷藏库的库容分类

规模类型	容量 /t	规模类型	容量 /t
大型	>10000	中小型	1000 ~ 5000
大中型	5000 ~ 10000	小型	<1000

表 3-2 部分果品蔬菜的容重

名称	马铃薯	洋葱	胡萝卜	芜菁	甘蓝	甜菜	苹果
容重 /（kg/m³）	1300 ~ 1400	1080 ~ 1180	1140	660	650 ~ 850	1200	500

3.2.1 机械冷库的构造

机械冷库的建筑主体是一个综合体系,它包含了支撑系统、保温系统和防潮系统等多个关键部分,共同确保冷库内部环境的稳定和高效运作。

（1）冷库的支撑系统。冷库的支撑系统,通常被称为冷库的"骨架",是确保整个冷库结构稳固的基础。这一系统一般由钢筋、砖和水泥等坚固材料筑成,为保温和防潮系统提供了一个可靠的安装平台。支撑系统不仅要能够承载冷库本身的重量,还要能够抵御外部环境带来的各种影响,确保冷库的整体稳定性。

（2）冷库的保温系统。保温系统是冷库建筑中至关重要的一环。它由绝缘材料构成,这些材料被精心设置在库体的内侧面上,形成一个连续且紧密的绝热层。这个绝热层的主要功能是阻隔库外的热量向库内传导,从而维持库内低温环境的稳定。绝缘层的厚度是根据一系列因素计算得出的,包括材料的导热率、总暴露面积、库内外最大温差以及全库热源总量等。通过精确的计算和合理的材料选择,可以确保保温系统的高效运作,实现库内温度的精确控制。

（3）冷库的防潮系统。防潮系统同样是冷库建筑中不可或缺的一部分。由于冷库内部需要维持低温环境,因此很容易受到外部水汽的侵扰。防潮系统主要由良好的隔潮材料构成,这些材料被敷设在保温材料周围,形成一个闭合的系统。这个系统的主要功能是阻止水汽的渗入,确保冷库内部环境的干燥。防潮系统和保温系统共同构成了冷库的围护结构,为库内产品提供了一个安全、稳定的贮藏环境。

3.2.2 冷库的设计

(1)库址的选择。在选择机械冷库的库址时,需要综合考虑多个因素,以确保冷库的高效运作和长期稳定性。

库址应当便于水电供应。这不仅涉及电力供应的稳定性和安全性,还包括水源的充足和易于接入,以确保冷库在运营过程中不会因为水电问题而受到影响。

交通便利性也是选择库址时不可忽视的因素。冷库通常用于储存大量的果蔬和其他食品,因此需要便于产品的运输和装卸。良好的交通网络能够确保产品及时、高效地进出冷库,减少运输时间和成本。

库址应避免强光照射和热风频繁出现。强光和热风都会导致库内温度上升,增加制冷设备的负荷,从而影响产品的保鲜效果和冷库的运营效率。因此,选择阴凉、通风良好的地方作为库址是非常重要的。

地下水位低和排水条件好也是选择库址时需要考虑的因素。高地下水位可能会导致土壤湿度过高,影响冷库的保温效果。而良好的排水条件则能够确保在雨季或洪水等情况下,冷库不会受到水淹的威胁。

在选定库址后,还需要根据允许占用土地的面积、生产规模、冷藏的工艺流程、产品装卸运输方式、设备和管道的布置要求等因素来决定冷藏库房的建筑形式。一般来说,单层库房适用于规模较小、产品种类单一的冷库,而多层库房则适用于规模较大、产品种类繁多的冷库。在确定库房的外形和各辅助用房的平面建筑面积和布局时,需要参考《冷库设计标准》(GB50072—2021)等相关标准,确保冷库的设计符合标准要求。

对于冷库内相关部分的具体位置也需要进行合理的设计。例如,制冷设备应放置在便于维护和检修的地方,同时要保证其运行时的噪声和振动不会影响产品的贮藏效果。另外,货物的进出口和通道也应设置在方便操作的地方,以提高装卸效率。

(2)机械冷藏库的制冷系统。机械冷藏库之所以能够有效地达到并维持一个适宜的低温环境,关键在于其高效运作的制冷系统。这一系统不仅需要持续不断地运行,以排除贮藏库房内各种来源的热能,而且还需要确保制冷量能够满足热源的耗冷量(冷负荷)需求。因此,在选择和设计与冷负荷相匹配的制冷系统时,必须进行深入的研究和精确的计算。

制冷剂的选择对于制冷系统的性能至关重要。理想的制冷剂应具备一系列特性,如汽化热大、沸点温度低、冷凝压力小、蒸发比容小、不易燃烧、化学性质稳定、安全无毒且价格低廉等。自机械冷藏技术诞生以来,已经研究和使用过多种制冷剂,其中氨和氟利昂是目前生产实践中最常用的两种。

制冷机械作为制冷系统的核心部分,由实现循环往复所需的各种设备和辅助装置组成。其中,压缩机、冷凝器、节流阀(膨胀阀、调节阀)和蒸发器是制冷机械中必不可少的四个部件。这四个部件共同构成了一个最简单的压缩式制冷装置。除此之外,制冷系统还包括其他辅助设备和装置,它们的作用是保证和改善制冷机械的工作状况,提高制冷效果及其工作时的经济性和可行性。这些辅助设备和装置在制冷系统中虽然处于辅助地位,但同样发挥着不可或缺的作用。这些部件包括贮液器、油分离器、空气分离器等。

制冷机械在制冷过程中扮演着至关重要的角色,每一个主要部件都发挥着其独特而关键的作用。

压缩机是整个制冷系统的“心脏”。它的主要功能是将冷藏库房中由蒸发器蒸发吸热汽化后的制冷剂,通过吸收阀的辅助,压缩至冷凝程度。这一过程使制冷剂由低压气体转变为高压气体,以便后续的冷凝过程。同时,压缩机还将被压缩的制冷剂输送至冷凝器,为整个制冷循环提供动力。

冷凝器的作用是将由压缩机输送来的高压、高温气体制冷剂进行冷却。冷却介质(如风或水)在冷凝器内吸取制冷剂的热量,使其凝结液化。这个液化过程释放出大量的热量,通过冷凝器的散热系统排出,保证制冷剂能够继续进入下一个循环阶段。液化后的制冷剂随后流入贮液器进行贮存。

节流阀(如膨胀阀或调节阀)是制冷系统中的“调节器”。它通过调节制冷剂输送至蒸发器的量来控制制冷量,进而调节降温速度或制冷时间。当液态制冷剂在高压下通过膨胀阀时,由于压力骤减,制冷剂会迅速由液态变成气态。这一相变过程会吸收周围空气中的热量,从而降低库房中的温度。

贮液器是制冷系统中的“仓库”。它主要用于贮存和补充制冷循环所需的制冷剂,确保整个系统在连续工作时有足够的制冷剂供应。

电磁阀在制冷系统中起到了关键的保护作用。它安装在冷凝器和膨胀阀之间,通过控制制冷系统中的管道开闭,避免压缩机在启动时液态制冷剂直接进入压缩机,从而防止冲缸现象的发生。当压缩机启动时,电磁阀通电工作,确保制冷剂在正确的状态下进入蒸发器;当压缩机停止运转时,电磁阀关闭,防止制冷剂回流。

油分离器安装在压缩机排出口与冷凝器之间,它的作用是将压缩后高压气体中的油分离出来,防止油进入冷凝器影响制冷效果。

空气分离器则安装在蒸发器和压缩机进口之间,用于除去制冷系统中混入的空气。空气的存在会影响制冷剂的循环和制冷效果,因此需要通过空气分离器将其排出。

过滤器装在膨胀阀之前,用于除去制冷剂中的杂质,防止这些杂质堵塞膨胀阀中的微小通道,影响制冷剂的流动和制冷效果。

制冷系统中还设置了各种仪表,用于监控和了解制冷过程中相关条件性能(如温度、压力等)的变化。这些仪表为制冷系统的运行提供了重要的数据支持,有助于及时发现和解决问题,确保系统的稳定运行。

(3)库内冷却系统。冷藏库房的冷却方式对于维持其内部低温环境至关重要,目前主要有直接冷却和间接冷却两种方式。

间接冷却方式,也被称为盐水冷却系统,其工作原理是将制冷系统的蒸发器安装在冷藏库房外的盐水槽中。首先,蒸发器冷却盐水,使盐水温度降低。随后,通过泵将已降温的盐水送入冷藏库房内,盐水在库房中吸收热量,从而起到降低库温的作用。当盐水温度升高后,它会流回盐水槽再次被冷却,然后继续进行下一轮的循环过程。这种冷却方式常用于需要较低温度的冷藏库房,如冷冻食品库。用于配制盐水的物质多为氯化钠和氯化钙,通过调整盐水的浓度,可以根据冷藏库房实际需要的低温程度来配制不同浓度的盐水。

直接冷却方式是将制冷系统的蒸发器直接安装在冷藏库房内,通过蒸发器直接冷却库房中的空气来达到降温的目的。直接冷却方式又可以分为直接蒸发和鼓风冷却两种情况。

直接蒸发方式中,蒸发器以蛇形管的形式盘绕在库房内,制冷剂在蛇形管中直接蒸发,吸收库房内的热量,使空气温度降低。这种方式的优点是冷却迅速,降温速度快。然而,它的缺点也很明显,即蒸发器容易结霜,这会影响制冷效果,因此需要不断除霜。此外,由于蒸发器直接暴露在库房内,温度波动较大,分布不均匀,且不易控制,因此这种冷却方式不适合在大中型果蔬产品冷藏库房中应用。

鼓风冷却是现代新鲜果蔬产品贮藏库普遍采用的一种冷却方式。在这种方式中,蒸发器被安装在空气冷却器内,通过鼓风机的吸力将库房内的热空气抽吸进入空气冷却器进行降温。冷却后的空气再由鼓风机直接或通过送风管道(通常沿冷库长边设置于天花板下)输送至冷库的各个部位,形成空气对流循环。这种方式的优点是冷却速度快,库内各部位的温度较为均匀一致,且易于控制。此外,通过在冷却器内增设加湿装置,还可以调节空气湿度,以满足不同产品对湿度的需求。因此,鼓风冷却方式在新鲜果蔬产品贮藏库中得到了广泛应用。

3.2.3 冷库的管理

(1)温度。温度是影响新鲜果蔬产品贮藏效果和品质的关键因素。为了确保产品的新鲜度和延长其保质期,冷藏库的温度管理必须遵循几个核心原则:适宜、稳定、均匀以及产品进出库时的合理升降温。

每种不同的果蔬产品都有其特定的适宜贮藏温度。这些温度因产品种类、品种以及成熟度而异。例如,某些水果在较低温度下能保存更久,而另一些则可能在相同温度下遭受冷害。因此,了解和设定正确的贮藏温度至关重要。温度设置过高会导致贮藏效果不佳,而过低则可能引起产品受损,如冷害或冻害。

为了达到理想的贮藏效果并避免田间热的不利影响,许多新鲜果蔬产品在贮藏初期需要尽快降温。然而,并非所有产品都适用这一原则。有些果蔬产品,如中国梨中的鸭梨,因其特殊的生理特性,应采取逐步降温的方法,以避免贮藏过程中冷害的发生。

除了设定适宜的温度外,维持库房中温度的稳定同样重要。温度的波动不仅会影响产品的贮藏效果,还可能导致产品失水加重。尤其是在相对湿度较高时,温度的波动更易导致结露现象,这既增加了湿度管理的难度,又可能因液态水的出现而促进微生物的活动和繁殖,从而导致病害发生和腐烂增加。因此,将温度波动控制在尽可能小的范围内,特别是 ±0.5℃以内,对于确保产品的新鲜度和品质至关重要。

库房的温度应均匀一致。这不仅关乎产品的整体品质,也涉及能源利用的效率。对于长期贮藏的新鲜果蔬产品来说,温度均匀性尤为重要,因为任何温度的不均匀都可能导致产品品质的下降和能源的浪费。

为了实现这些目标,现代冷藏库通常配备有先进的温度监控和自动调节系统。这些系统可以实时监控库内温度,并根据需要进行自动调节,确保产品在最佳的贮藏环境中保存。同时,管理人员也需要定期对库房进行巡检和维护,确保系统正常运行并满足产品贮藏的需求。

(2)相对湿度。对于绝大多数新鲜果蔬而言,控制相对湿度在90% ~ 95% 是至关重要的。这一高湿度环境对于有效防止果蔬水分蒸腾、保持其新鲜度和延长货架期具有不可忽视的作用。水分是新鲜果蔬的重要组成部分,水分损失不仅直接导致果蔬重量的减轻,更重要的是,它还会对果蔬的新鲜程度和外观质量产生负面影响,如使果蔬出现萎蔫、皱缩等现象,降低其食用价值和市场吸引力。

水分损失还会进一步影响果蔬的营养价值和口感。随着水分的蒸发,果蔬中的营养成分也会逐渐减少,而纤维化的过程则会使果蔬的口感变得粗糙。更为严重的是,水分损失还会加速果蔬的成熟、衰老过程,并可能引发各种病害,如霉菌感染等,进一步缩短其贮藏寿命。

与温度控制一样,相对湿度的稳定也是保证果蔬品质的关键因素。温度的波动会直接影响库房内的湿度变化,因此,维持温度的恒定对于保持湿度的稳定至关重要。在建造库房时,应充分考虑湿度控制的需求,增设湿度调节装置,如加湿器、除湿机等,以应对不同季节和天气条件下库房湿度的变化。

在实际操作中,当库房内的相对湿度低于设定值时,可以采取多种措施进行增湿。例如,可以在库房地坪上洒水,增加空气中的水分含量;或者通过空气喷雾设备直接向空气中喷洒水雾,以提高库房内的湿度。此外,对产品进行包装也是一种有效的保湿措施,通过包装可以创造一个高湿的小环境,减缓果蔬的水分损失。常用的包装材料包括塑料薄膜等,可以将单个果品或蔬菜进行套袋,或者在包装箱内加设塑料袋作为内衬,以维持产品周围的湿度。

(3)通风换气。通风换气是机械冷藏库管理中一项至关重要的环节,它涉及库内外气体的有效交换。这一过程的目的是减少库内由于产品新陈代谢所产生的乙烯、二氧化碳等废气,从而保持库内空气的新鲜和适宜,为新鲜果蔬提供一个良好的贮藏环境。

通风换气的最佳时机通常选择在库内外温差最小的时段进行。这是因为当温差较小时,可以减少由于空气交换导致的温度波动,从而保持库内温度的稳定性。此外,较小的温差也意味着能量的损失较少,有助于提高冷藏库的能效。

在进行通风换气时,每次持续的时间通常为 1h 左右,以确保库内外的空气得到充分的交换。然而,具体的通风换气频率则需要根据库内产品的种类、数量以及贮藏条件等因素来确定。一般来说,可以每间隔数日进行一次通风换气,以确保库内空气的质量。

在通风换气的过程中,还需要注意以下几点。首先,要确保通风设备的正常运行,以便有效地将库内的废气排出,并将新鲜的空气引入库内。其次,要合理控制通风的强度和速度,避免因为通风过强而导致库内温度迅速下降,影响产品的贮藏效果。最后,要定期对通风设备进行维护和保养,以确保其正常运行和延长使用寿命。

(4)库房及用具的清洁卫生和防虫防鼠。在果蔬贮藏过程中,贮藏环境中的病、虫、鼠害是导致果蔬损失的重要因素之一。这些害虫不仅直接损害果蔬,还可能通过传播疾病来进一步影响贮藏质量。因此,为了有效保护贮藏中的果蔬,必须采取严格的清洁消毒措施,开展有效的防虫、防鼠工作。

在果蔬贮藏前,库房及所有相关用具都需要进行彻底、认真的清洁消毒。这是因为这些区域和工具在使用前可能隐藏着各种病菌、虫卵和鼠类,它们都可能对后续的贮藏工作造成威胁。

对于库房内的用具,如垫仓板、贮藏架、周转箱等,应使用漂白粉水溶液进行彻底的清洗。漂白粉是一种有效的消毒剂,能够杀灭大部分细菌和病毒。清洗完毕后,这些用具需要充分晾干,以确保没有水分残留,然后才能入库使用。

除了用具外,库房本身也需要在使用前进行消毒处理。这可以通过多种方法实现,如硫黄熏蒸、福尔马林熏蒸、过氧乙酸熏蒸等。这些方法都能有效地杀灭空气中的病菌和虫卵,为果蔬提供一个干净、安全的贮藏环境。

硫黄熏蒸是一种常用的消毒方法,它通过在库房内燃烧硫黄来产生二氧化硫气体,从而达到消毒的目的。每立方米库房需要约 10g 的硫黄,熏蒸时间通常为 12 ~ 24h。

福尔马林熏蒸则是利用甲醛的杀菌作用来消毒。每立方米库房需要约 12 ~ 15mL 的 36% 甲醛溶液,同样熏蒸 12 ~ 24h。

过氧乙酸熏蒸也是一种有效的消毒方法。每立方米库房需要

5 ~ 10mL 的 26% 过氧乙酸溶液，同样熏蒸 12 ~ 24h。

此外，还可以使用 0.2% 的过氧乙酸或 0.3% ~ 0.4% 有效氯的漂白粉溶液对库房进行喷洒消毒。这些溶液能够直接杀灭库房表面的病菌和虫卵，进一步提高消毒效果。

在采取这些消毒措施的同时，还需要做好防虫、防鼠工作。这可以通过安装防虫网、使用驱虫剂、设置捕鼠器等方式实现。只有将这些工作做到位，才能确保果蔬在贮藏过程中不受病虫害的侵扰，保持其新鲜度和品质。

（5）产品的入贮及堆放。商品在入库进行贮藏时，其堆放的方式对整体的贮藏效果具有显著的影响。为了确保商品，特别是新鲜果蔬产品能够长时间保持其新鲜度和品质，堆放时应遵循一定的科学原则，其中最为关键的是"三离一隙"的要求。

"三离"指的是商品在堆放时，首先要确保它们离墙、离地面和离天花板有一定的距离。这样的设计是为了避免商品直接接触到墙壁、地面和天花板时可能产生的温度波动、湿度变化和污染问题。墙壁和天花板通常与外部环境有直接接触，温度波动较大，而地面则可能因为水汽凝结等问题导致湿度过高，这些因素都不利于商品的长期贮藏。

"一隙"则是指垛与垛之间及垛内需要留有一定的空隙。这些空隙不仅有利于空气的流通，减少因堆积过密而导致的局部温度升高和湿度增加，还能够防止商品之间的挤压和碰撞，从而减少因物理损伤导致的品质下降。

对于新鲜果蔬产品来说，堆放时还需特别注意分等、分级、分批次存放。这是因为不同等级、不同批次的产品在成熟度、品质和耐贮性上可能存在差异，混贮可能会导致品质下降和贮藏期缩短。特别是对于那些需要长期贮藏或相互间有明显影响的产品，如易串味、对乙烯敏感性强的产品等，更应严格遵守分等、分级、分批次存放的原则，以避免相互之间的不良影响。

（6）贮藏产品的检查。在新鲜果蔬产品的贮藏过程中，确保贮藏条件的精确控制是至关重要的一环。这涉及对温度、相对湿度等关键因素的持续监测、核对和调整。这些环境因素直接影响果蔬的呼吸作用、水分蒸发以及微生物的生长，进而决定了产品的贮藏寿命和品质。

除了对贮藏条件的细致管理，定期的商品检查同样不可或缺。这种检查应该是全面而及时的，旨在深入了解产品在贮藏过程中的质量状况和变化。通过对果蔬的颜色、气味、硬度、重量等方面的观察,可以判断其是否出现腐烂、变质等问题,以及是否仍保持原有的营养价值和食用口感。

对于不耐贮的新鲜果蔬,如草莓、葡萄等,由于其生命周期短、易腐性强,因此需要更加频繁地检查。建议每间隔 3 ~ 5d 进行一次全面检查,以便及时发现并处理潜在的问题。而对于耐贮性较好的果蔬,如苹果、土豆等,可以适当延长检查周期,但也不能忽视定期的检查工作。每隔 15d 甚至更长时间进行一次检查,可以确保这些产品在长时间的贮藏过程中仍然保持优良的品质。

在检查过程中,如果发现果蔬出现腐烂、变质等问题,应立即采取相应的措施。这包括将问题产品及时挑出、对贮藏环境进行调整、加强通风换气等。同时,还需要对问题产品进行记录和分析,找出导致问题的原因,以便在后续的贮藏过程中加以改进和避免。

3.3 气调贮藏

气调贮藏是一种先进的农产品贮藏技术,也被称为调节气体成分贮藏。其基本原理是通过人为地改变和控制新鲜果蔬产品贮藏环境中的气体成分,以创造出一个最适宜产品贮藏的气体环境。这种技术通常涉及对贮藏环境中氧气(O_2)和二氧化碳(CO_2)等主要气体成分的调节,有时还包括对其他微量气体的控制。在气调贮藏过程中,可能会根据产品的特性和贮藏需求,增加或减少某种气体的浓度。例如,对于某些需要降低呼吸速率的果蔬,可以通过降低贮藏环境中的氧气浓度来减缓其新陈代谢速度,从而延长贮藏期。同时,增加二氧化碳浓度也可以抑制果蔬的呼吸作用和微生物的生长,进一步延长贮藏寿命。气调贮藏技术的实施需要精确的气体成分监测和调控设备,以确保贮藏环境中的气体成分始终保持在最佳状态。此外,对于不同种类的果蔬产品,其最佳的气体成分比例也会有所不同,因此在实际应用中需要根据产品的特性和贮藏需求进行个性化设置。

3.3.1 气调贮藏的基本原理

气调贮藏技术通过精心调控贮藏环境中的气体浓度组成,为新鲜果蔬产品提供一个理想的贮藏环境。在这种特殊的气体环境下,果蔬的呼吸作用受到显著的抑制,从而降低了其呼吸强度。这种抑制效果不仅推迟了呼吸峰的出现时间,还显著延缓了果蔬的新陈代谢速度。这种减缓的新陈代谢速度意味着果蔬的成熟和衰老过程被推迟,进而减少了营养成分和其他重要物质的降低和消耗。

在气调贮藏过程中,降低的氧浓度和升高的二氧化碳浓度发挥了至关重要的作用。这种气体组合能够有效地抑制乙烯的生物合成,乙烯是果蔬成熟和衰老过程中起关键作用的植物激素。通过削弱乙烯的生理作用,气调贮藏技术能够进一步延缓果蔬的成熟和衰老,从而有利于新鲜果蔬产品贮藏寿命的延长。

此外,适宜的低氧和高二氧化碳浓度还具有抑制某些生理性病害和病理性病害发生发展的作用。这些病害通常会在贮藏过程中损害果蔬的质量和营养价值,甚至导致腐烂损失。通过气调贮藏技术,可以有效地减少这些病害的发生,从而降低产品在贮藏过程中的损失。

低氧和高二氧化碳浓度的效果在低温下更为显著。这是因为低温本身就能够降低果蔬的呼吸速率和代谢速度,与气调贮藏技术相结合时,能够产生更加显著的保鲜效果。

3.3.2 气调贮藏的类型

气调贮藏技术自其商业性应用以来,凭借其显著的保鲜效果,逐渐发展成为果蔬贮藏领域的重要技术。根据调控方式的不同,气调贮藏大致可以分为两大类:自发气调贮藏和人工气调贮藏。

自发气调贮藏是通过利用新鲜果蔬产品自身的呼吸作用,自然降低贮藏环境中氧气的浓度,同时提高二氧化碳的浓度。这种方法充分利用了果蔬自身的生理特性,无需额外的能源输入。在我国,自发气调贮藏常采用塑料袋密封贮藏的方式,例如,蒜薹简易气调,以及硅橡胶窗贮藏等。这些方法的共同特点是利用塑料薄膜的透气性,使果蔬在呼吸过程中,塑料袋(帐)内能够维持一定的氧气和二氧化碳比例。同时,通过人为的调节措施,可以进一步优化气体成分,从而创造出一个有利于延长果品蔬菜贮藏寿命的环境。

自发气调贮藏虽然简单易行,但其效果受到果蔬种类、成熟度、环境温度等多种因素的影响。为了确保贮藏效果,果蔬装入塑料袋(帐)前必须经过预冷处理,使产品温度达到或接近贮藏温度后,方可封闭。这样不仅可以减少果蔬在贮藏过程中的呼吸作用,还可以防止因温度变化而导致的结露等问题。

与自发气调贮藏相比,人工气调贮藏则更加先进和高效。人工气调贮藏是根据产品的需要和人的意愿,通过专门的设备调节贮藏环境中各气体成分的浓度,并保持稳定。这种方法能够精确控制氧气和二氧化碳的比例,与贮藏温度密切配合,从而达到最佳的贮藏效果。因此,人工气调贮藏是当前发达国家采用的主要类型,也是我国今后发展气调贮藏的主要目标。

为了实现人工气调贮藏,需要建立一个完善的气体调节系统。这个系统通常由贮配气设备、调气设备和分析监测仪器设备共同组成。贮配气设备负责提供和储存气体,调气设备负责将气体输送到贮藏环境中,并调节其浓度。而分析监测仪器设备则用于实时监测贮藏环境中的气体成分和浓度,确保其在设定的范围内保持稳定。这样,通过精确的气体调节和控制,人工气调贮藏能够创造出最适宜果蔬贮藏的气体环境,从而有效延长其贮藏寿命和货架期。

气调库的气密性是确保气调贮藏效果的关键控制环节,因为它直接影响到库内气体成分的稳定性和贮藏环境的控制精度。在进行气调库气密性检测和补漏时,必须格外注意以下几个问题。

(1)保持库房处于静止状态是非常重要的。在检测和补漏过程中,应尽量避免库房内的任何移动或操作,以减少对气体流动和分布的干扰。同时,为了维持库房内外温度的稳定,需要采取适当的措施,如关闭门窗、控制通风系统等,以确保库内温度不会因外界环境或人为操作而波动过大。

(2)库内压力的控制也是关键。在检测和补漏过程中,虽然需要适当提高库内压力以观察气体泄漏情况,但压力不能升得太高,以免对围护结构造成过大的压力,影响其安全性。因此,需要精确控制库内压力,确保其在安全范围内波动。

(3)注意围护结构、门窗接缝处等重点部位。这些部位往往是气体泄漏的主要通道,因此必须仔细检查,发现渗漏部位应及时做好记号,以便后续进行修补。同时,对于已经发现的渗漏部位,需要分析其产生的原因,如材料老化、安装不当等,并采取相应的措施进行修补,以确保库房的气密性。

(4)保持库房内外的联系也是非常重要的。在检测和补漏过程中,需要随时与库房外的工作人员保持联系,以便在出现紧急情况时能够及时采取措施。同时,为了确保人身安全和工作的顺利进行,还需要遵守相关的安全规定和操作规程,如佩戴防护用品、避免独自进入库房等。

气调库的气密性检测和补漏是一项复杂而重要的工作,需要严格按照相关规定和操作规程进行。通过仔细检查和修补渗漏部位,可以确保库房的气密性达到要求,为气调贮藏提供稳定的贮藏环境。

3.3.3 气调贮藏的条件

新鲜果蔬产品的气调贮藏技术是一种高效且科学的保鲜方法,其核心在于通过调节贮藏环境中的气体浓度,尤其是氧气和二氧化碳的含量及配比,以达到延缓产品衰老、延长保鲜期的目的。在实际操作中,选择合适的气体浓度及配比是气调贮藏成功的关键,而这一选择主要依赖于产品自身的生物学特性。

不同的新鲜果蔬产品对气调贮藏的反应各不相同。根据对气调反应的不同,可以将这些产品大致分为三类。

第一类是对气调反应明显的产品,它们对气体浓度的变化非常敏感,能够显著地通过调整气体配比来延长贮藏期和保持品质。这一类的代表产品包括苹果、猕猴桃、香蕉、草莓、蒜薹以及绿叶菜类等。这些产品通常具有较高的呼吸速率和乙烯产生量,因此通过降低氧气浓度和增加二氧化碳浓度,可以有效地抑制其呼吸作用和乙烯的产生,从而延长保鲜期。

第二类是对气调反应不明显的产品,如葡萄、柑橘、土豆和萝卜等。这些产品对气体浓度的变化相对不敏感,即使进行气调贮藏,其保鲜效果的提升也相对有限。因此,在实际操作中,对于这类产品,气调贮藏可能并不是首选的保鲜方法。

第三类是对气调反应介于上述两者之间,表现一般的产品,如核果类等。这类产品对气调贮藏的反应虽然不如第一类明显,但也能通过适当的气体配比调整来延长保鲜期和提高品质。因此,对于这类产品,气调贮藏仍然具有一定的潜力和价值。

常见新鲜果蔬产品气调贮藏时适宜的氧气(O_2)和二氧化碳(CO_2)浓度见表3-3。

表3-3　新鲜水果蔬菜气调贮藏时 O_2 和 CO_2 浓度配比

种类	O_2（%）	CO_2（%）	种类	O_2（%）	CO_2（%）
苹果	1.5 ~ 3	1 ~ 4	番茄	2 ~ 5	2 ~ 5
梨	1 ~ 3	0 ~ 5	莴苣	2 ~ 2.5	1 ~ 2
桃	2 ~ 3	3 ~ 5	花菜	2 ~ 4	8
草莓	3 ~ 10	5 ~ 15	青椒	2 ~ 3	5 ~ 7
无花果	5	15	生姜	2 ~ 5	2 ~ 5
猕猴桃	2 ~ 3	3 ~ 5	蒜薹	2 ~ 5	0 ~ 5
柿	3 ~ 5	5 ~ 8	菠菜	10	5 ~ 10
荔枝	5	5	胡萝卜	2 ~ 4	2
香蕉	2 ~ 4	4 ~ 5	芹菜	1 ~ 9	0
芒果	3 ~ 4	4 ~ 5	青豌豆	10	3
板栗	2 ~ 5	0 ~ 5	洋葱	3 ~ 6	8 ~ 10

3.4　减压贮藏

减压贮藏,也被称为"低压贮藏",是一种先进的果蔬保鲜技术。这种技术的核心在于,在完全密闭的贮藏环境中,通过降低环境气压至低于标准大气压,创造出一个低压或接近真空的贮藏条件,使果蔬产品能够在这种特殊环境下进行贮藏保鲜。

减压贮藏的基本原理是,通过降低气压,减少果蔬组织细胞间隙中的气体分压,从而降低果蔬的呼吸速率和乙烯的产生量。这种低呼吸速率有助于延缓果蔬的新陈代谢,减少营养物质的消耗,从而延长果蔬的保鲜期。同时,低压环境还能抑制果蔬中酶的活性,进一步减缓其成熟和衰老过程。

在实际操作中,减压贮藏系统通常包括真空泵、贮藏室、压力控制装置、气体检测设备和温度控制系统等关键部分。通过精确控制这些设备,可以实现贮藏环境内气压的稳定和调节,以满足不同果蔬产品的贮藏需求。

减压贮藏技术具有许多优点。首先,由于降低了贮藏环境中的气压,果蔬的呼吸作用得到显著抑制,从而延长了保鲜期。其次,低压环境有利于减少果蔬的水分蒸发和干耗,保持其新鲜度和口感。此外,减压贮藏还能抑制果蔬中病原微生物的生长和繁殖,减少腐烂损失。

然而,减压贮藏技术也存在一些挑战和限制。例如,建立和维护一个稳定的低压环境需要较高的成本和技术要求。此外,不同种类的果蔬对减压贮藏的反应可能存在差异,因此需要针对具体产品进行优化和调整。

尽管如此,随着科技的不断进步和成本的逐渐降低,减压贮藏技术有望在果蔬保鲜领域发挥越来越重要的作用。

3.4.1 减压贮藏原理

减压贮藏技术为果蔬产品保鲜带来了革命性的变化。在减压贮藏环境中,由于环境压力的大幅降低,氧气浓度相较于常规贮藏环境会更低。而与此同时,由于果蔬产品自身的呼吸作用,环境中的二氧化碳浓度则会逐渐上升。这种气体组成的变化与气调贮藏技术所追求的效果相类似,但减压贮藏的机理更为独特和全面。

在减压环境下,由于气压的降低,果蔬组织内部的气体分压也相应减少。这导致果蔬细胞内的气体,如氧气和二氧化碳,更容易通过细胞膜扩散到外部环境中。因此,在减压贮藏初期,果蔬组织中的氧气会迅速被消耗,而二氧化碳则逐渐积累。

但随着时间的推移,果蔬的呼吸作用会持续进行。由于减压环境加速了气体交换的速率,果蔬细胞内的气体成分,如乙烯、乙醛、乙醇以及各种芳香物质,也会被更快地释放到环境中。这些气体成分在果蔬的成熟和衰老过程中起着重要作用,它们的扩散和减少有助于延缓果蔬产品的成熟与衰老。

乙烯是果蔬成熟过程中的关键激素,它能够促进果蔬的呼吸作用、色素合成和软化等生理过程。但在减压贮藏环境中,由于乙烯的快速扩散,其浓度在果蔬组织内部和贮藏环境中均得到显著降低。这有助于延缓果蔬的成熟过程,保持其新鲜度和口感。

此外,乙醛、乙醇等挥发性物质在果蔬成熟过程中也会产生,它们不仅影响果蔬的风味品质,还可能导致果蔬组织的氧化和劣变。在减压贮藏条件下,这些挥发性物质的扩散速度加快,从而减少了它们在果蔬组织中的积累,有利于保持果蔬的品质和延长贮藏期。

3.4.2 减压贮藏的主要设备

减压贮藏技术是一种高效的果蔬保鲜方法,其核心在于构建一个能够维持低压状态的贮藏环境。为了实现这一目标,减压贮藏系统通常由几个关键组件组成,这些组件协同工作,确保果蔬在最佳条件下进行贮藏。

减压室(也称为减压罐)是整个系统的核心部分。它是一个密闭的空间,内部压力可降至低于大气压,以创造出一个低压环境。对于小规模的减压贮藏需求,可以采用钢制的贮藏罐,这种罐体坚固耐用,且易于密封和维持压力稳定。然而,对于需要贮藏大量果蔬的大型设施,钢制罐可能无法满足需求,此时必须使用钢筋混凝土浇筑的贮藏室。这种结构不仅具有足够的强度和稳定性,还能够提供更大的存储空间。

在减压贮藏过程中,维持高湿度环境至关重要,因为低压环境会加速果蔬的水分蒸发,导致萎蔫和品质下降。为了解决这个问题,加湿器成了系统中不可或缺的一部分。加湿器的作用是将通过减压室的空气加湿,确保贮藏环境中维持较高的相对湿度。这样果蔬在贮藏过程中就能保持充足的水分,防止失水萎蔫。

气流计和真空泵也是减压贮藏系统中的重要组件。气流计用于监测和控制通过减压室的空气流量,确保空气在系统中均匀分布,避免形成死角或积聚。真空泵则负责将减压室内的压力降至所需的低压水平,并维持这一压力稳定。通过精确控制真空泵的运行,可以确保贮藏环境内的气压始终保持在最佳状态。

3.4.3 减压贮藏方法

减压贮藏技术为果蔬产品提供了一种独特的保鲜方式,主要通过降低贮藏环境中的气压来延长产品的保鲜期。在实际应用中,减压贮藏技术主要有两种减压方式,即定期抽气式和连续抽气式。

3.4.3.1 定期抽气式

这种减压方式是将贮藏容器进行抽气处理,当容器内的气压达到预定的真空度后,停止抽气操作,并采取相应的措施来维持这一低压状态。这种方式的主要优点在于能够促使果蔬产品组织内的乙烯等气体向外扩散。乙烯是植物激素之一,会促进果蔬的成熟和衰老过程,减少其含量有助于延缓果蔬的成熟。然而,定期抽气式的一个限制是它不能使容器内的这些气体持续不断地向外排出。在抽气停止后,随着果蔬的继续呼吸作用,容器内的气体成分可能会逐渐变化,影响贮藏效果。

3.4.3.2 连续抽气式

与定期抽气式不同,连续抽气式是在贮藏室的一端使用抽气泵进行连续不断的抽气操作,同时在另一端不断输入新鲜空气。这种方式的优点在于能够确保果蔬产品始终处于低压、低温、新鲜湿润的气流中。由于抽气泵的持续工作,容器内的气体能够不断被排出,同时输入的新鲜空气又能为果蔬提供必要的氧气和其他生命活动所需的物质。这种环境有利于维持果蔬的新鲜度和延长其保鲜期。此外,连续抽气式还能有效控制容器内的温度和湿度,为果蔬提供更加稳定的贮藏条件。

3.4.4 减压贮藏的管理

在减压贮藏技术的应用中,虽然这种技术能够有效地延长果蔬的保鲜期,但同时也带来了一些特定的管理挑战。在减压条件下,由于气压的降低,果蔬组织的水分极易散失,导致产品出现萎蔫现象。这种水分散失不仅影响果蔬的外观品质,还可能加速其衰老过程。

为了应对这一问题,减压贮藏管理需要经常保持贮藏环境内的高相对湿度,通常要求在 95% 以上。加湿器在这一过程中起着至关重要的作用,它能够确保通过减压室的空气被充分加湿,从而保持果蔬组织的水分平衡。

然而,高湿度环境也带来了另一个问题,即增加了微生物的生长和繁殖风险。微生物的活跃会加速果蔬的腐败过程,对产品的品质和安全性构成威胁。因此,在减压贮藏管理中,除了保持高湿度外,还需要配合应用消毒防腐剂。这些消毒剂能够有效地杀灭或抑制微生物的生长,保障果蔬在贮藏过程中的卫生安全。

此外,从减压室中取出的果蔬产品往往会出现风味不佳、香气减弱的情况。这是由于在减压条件下,果蔬组织内的挥发性物质会加速扩散到环境中,导致产品原有的风味和香气被稀释。为了解决这一问题,取出的果蔬产品需要放置一段时间,让其在正常环境下部分恢复原有的风味和香气。这个过程不仅有助于提升产品的感官品质,还能增加其市场竞争力。

3.5 辐射贮藏

电离辐射是一种强大的物理技术,它有能力使物质在原子或分子层面上发生电离,即中性分子或原子在受到辐射后产生正负电荷。电离辐射的来源多种多样,包括我们熟知的 γ 射线辐射、X 射线辐射和中子辐射等,以及 α 射线、β 射线和电子束等粒子辐射。这些辐射形式在工业、医疗和食品保鲜等多个领域都有着广泛的应用(表 3-4)。

表 3-4　辐射处理的目的、剂量及典型产品

辐射目的	剂量 /kGy	产品
抑制发芽	0.05 ~ 0.15	马铃薯、洋葱、大蒜、板栗、红薯、生姜
延缓成熟和衰老	0.5 ~ 1.0	香蕉、苹果、凤梨、芒果、番木瓜、番石榴、人参果、芦笋、食用菌、无花果、猕猴桃、甘蓝
改善品质	0.5 ~ 10.0	银杏、柚

续表 3-4

辐射目的	剂量 /kGy	产品
杀灭寄生虫	0.1 ~ 1.0	板栗、梨、芒果、椰子、番木瓜、草莓
灭菌	1.0 ~ 7.0	草莓、板栗、芒果、荔枝、樱桃

3.5.1 辐射贮藏的原理

辐射贮藏是一种先进的果蔬保鲜技术,它利用高能射线对果蔬进行照射,以延长其保鲜期。在这个过程中,常用的射线类型主要包括 γ 射线、电子束和 X 射线,它们各自具有不同的能量特性和穿透能力。

γ 射线是由放射性同位素如钴 60 (^{60}Co) 自发产生的,具有极强的穿透性,能够深入果蔬内部,杀灭其中的微生物。这种射线在食品工业中广泛使用,因为它能够有效地控制微生物的生长和繁殖,减少果蔬在贮藏过程中的腐败和变质。

电子束是通过加速器产生的高能电子束,其能量密度高、速度快,可以迅速穿透果蔬,破坏微生物的细胞结构,从而达到杀菌的目的。与 γ 射线相比,电子束的穿透能力稍弱,但对于较薄的果蔬品种或处理表层的微生物来说,其效果同样显著。

X 射线是一种电磁波,具有与 γ 射线相似的穿透能力。在果蔬贮藏中,X 射线主要用于对果蔬进行非破坏性检测,如检测果蔬的成熟度、病虫害情况等。虽然 X 射线本身也具有一定的杀菌作用,但相比 γ 射线和电子束,其杀菌效果较弱,因此较少直接用于果蔬的保鲜处理。

辐射贮藏通过杀灭或抑活果蔬中的微生物,同时抑制其发芽和代谢过程,能够有效地延长果蔬的保鲜期。这种技术不仅操作简便、效率高,而且无须添加化学试剂,符合环保要求。此外,辐射贮藏对果蔬的营养成分和口感影响较小,能够保持果蔬的原有品质和风味。

然而需要注意的是,辐射贮藏过程中应严格控制辐射剂量和辐射时间,以避免对果蔬造成过度损伤。同时,处理后的果蔬应经过充分的安全检测,确保无放射性残留,以保障消费者的健康和安全。

3.5.2 辐射贮藏的优势

辐射贮藏作为一种先进的果蔬保鲜技术,其独特的优势在于能够显著延长果蔬的保鲜期并保持其品质。辐射贮藏作为一种先进的果蔬保鲜技术,具有杀菌效果好、保鲜期长、操作简便和环保安全等显著优势。这些优势使辐射贮藏成了一种具有广阔应用前景的果蔬保鲜方法。

（1）杀菌效果好。辐射贮藏技术利用高能射线,如 γ 射线、电子束和 X 射线,对果蔬进行照射。这些射线能够深入果蔬的表层,直接作用于果蔬内部的微生物,包括细菌、病毒和真菌等。通过破坏微生物的细胞结构和功能,辐射贮藏能够有效杀灭这些微生物,降低果蔬在贮藏过程中因微生物活动而引发的腐败和变质风险。这种杀菌效果不仅显著,而且能够覆盖果蔬的内外表面,确保果蔬的整体卫生安全。

（2）保鲜期长。辐射贮藏能够显著抑制果蔬的呼吸作用和代谢活动。在贮藏过程中,果蔬会不断消耗自身的水分和有机物,同时产生热量和二氧化碳等代谢产物。这些代谢活动会加速果蔬的成熟和衰老过程,缩短其保鲜期。然而,通过辐射贮藏处理,果蔬的呼吸作用和代谢活动受到抑制,减少了水分和有机物的消耗,从而延缓了果蔬的成熟和衰老过程。这种效果能够显著延长果蔬的保鲜期,使其在贮藏过程中保持更好的品质和口感。

（3）操作简便。辐射贮藏技术的操作过程相对简便易行。可以将果蔬放置在辐射设备中,然后通过控制设备参数,如辐射剂量和辐射时间,对果蔬进行照射处理。整个处理过程可以在常温下进行,无须添加任何化学试剂。此外,辐射设备通常具有自动化控制系统,能够实现精确的辐射剂量控制和时间控制,从而确保处理效果的一致性和稳定性。这种操作简便性使辐射贮藏技术易于推广和应用。

（4）环保安全。辐射贮藏是一种物理保鲜方法,相比化学保鲜方法具有更高的环保性和安全性。在辐射贮藏过程中,不会产生有害的化学物质残留,也不会对环境造成污染。此外,辐射贮藏对果蔬的营养成分和口感影响较小。虽然高能射线会对果蔬的细胞结构造成一定程度的损伤,但这种损伤是可控的,并且可以通过优化辐射参数来降低其对果蔬品质的影响。因此,辐射贮藏能够在保证果蔬安全性的同时,最大限度地保持其营养价值和口感。

3.5.3 辐射贮藏的应用

在果蔬贮藏领域,辐射贮藏技术作为一种高效、可靠的保鲜方法,被广泛应用于水果、蔬菜等农产品的保鲜过程中。这一技术通过利用高能射线照射果蔬来达到延长其保鲜期限、抑制发芽和代谢活动以及灭菌等目的。

在各国食品工业中,γ 射线是辐射贮藏技术中应用最为广泛的射线类型。其中,以钴 60(^{60}Co)和铯 137(^{137}Cs)为放射源的 γ 射线照射尤为常见。这些放射源能够产生稳定的 γ 射线,其穿透力强,能够深入果蔬内部,有效杀灭或抑制果蔬中的微生物活动,减少腐败和变质的风险。

除了 γ 射线外,能量在 10MeV 以下的电子射线也被用于果蔬的辐射贮藏。电子射线具有较快的能量传递速度和较高的能量密度,能够迅速作用于果蔬组织,破坏微生物的细胞结构,达到杀菌效果。

在辐射贮藏过程中,照射剂量的选择至关重要。不同的照射剂量可以实现不同的保鲜效果。一般来说,低剂量辐射主要用于抑制果蔬的发芽和代谢活动。通过低剂量照射,果蔬的呼吸速率和代谢活动得到抑制,从而减少营养物质的消耗和水分的蒸发,延缓果蔬的成熟和衰老过程。这种低剂量辐射处理能够保持果蔬的品质和口感,同时延长其保鲜期限。中剂量辐射主要用于延长果蔬的贮藏期。中剂量照射能够进一步杀灭果蔬中的微生物,降低腐败和变质的风险。同时,它还能在一定程度上抑制果蔬的呼吸和代谢活动,减少营养物质的损失。这种处理方式适用于需要长期贮藏的果蔬品种。高剂量辐射具有彻底灭菌的效果。在高剂量照射下,果蔬中的微生物几乎全部被杀灭,从而达到长期保存的目的。然而,高剂量辐射也会对果蔬的品质和口感造成一定的影响,因此在实际应用中需要权衡利弊。

3.6 保鲜剂贮藏

果蔬贮藏中的保鲜剂贮藏主要是指利用特定的保鲜剂来延长果蔬的保鲜期、保持其品质和口感的一种贮藏方法。保鲜剂贮藏是果蔬贮藏中一种重要的保鲜方法,通过合理使用保鲜剂可以显著延长果蔬的贮藏期并保持其品质和口感。在实际应用中,应根据果蔬的种类和贮藏条件选择合适的保鲜剂,并严格按照产品说明或专家建议的浓度使用。同时,应注意保鲜剂的安全性和对环境的影响。

3.6.1 保鲜剂的作用机理

保鲜剂在果蔬贮藏中发挥着重要的作用。通过抑制呼吸作用、控制微生物生长和调节乙烯含量,保鲜剂能够延长果蔬的保鲜期,保持其品质和口感。在实际应用中,应根据果蔬的种类和贮藏条件选择合适的保鲜剂,并严格按照产品说明或专家建议的使用方法进行操作。同时,也要注意保鲜剂的安全性和对环境的影响,确保果蔬的贮藏过程既安全又环保。

3.6.1.1 抑制呼吸

果蔬在采摘之后,会持续进行呼吸作用。这个过程虽然与植物在自然环境中的呼吸略有不同,但同样是一个关键的生命活动,涉及能量的消耗和物质的转化。在贮藏过程中,这种呼吸作用既是维持果蔬生命活动所必需的,又会导致果蔬逐渐失去水分、养分和风味,从而缩短其保鲜期。

为了解决这个问题,科学家们研发了多种保鲜剂,这些保鲜剂中的特定成分能够巧妙地干扰果蔬的呼吸过程。这些成分可能是经过精心挑选的化学物质,也可能是从自然界中提取的天然物质,它们能够与果蔬呼吸过程中的关键酶或分子发生作用,从而减缓其新陈代谢速率。

当保鲜剂中的这些成分与果蔬接触后,它们会迅速进入果蔬组织内部,与参与呼吸作用的酶或分子发生相互作用。这种相互作用可能通过抑制酶的活性、干扰分子的合成或分解过程等方式来减缓果蔬的新陈代谢速率。随着新陈代谢速率的降低,果蔬的呼吸强度也随之减弱,从而减少了能量的消耗和物质的转化。

这种减缓新陈代谢速率的效果对于果蔬的保鲜具有重要意义。首先,它能够保持果蔬的硬度。由于呼吸作用的减弱,果蔬细胞内的水分和养分流失速度降低,使果蔬能够保持较好的硬度和口感。其次,保鲜剂还能够保持果蔬的色泽。呼吸作用产生的某些物质会导致果蔬颜色变暗或褪色,而保鲜剂通过减缓呼吸作用,减少了这些物质的产生,从而保持了果蔬的鲜艳色泽。

3.6.1.2 控制微生物生长

在果蔬贮藏过程中,微生物污染是一个不可忽视的挑战。这些微生物,包括细菌、霉菌和酵母菌等,常常以果蔬表面的微小伤口或自然开口为入侵点,迅速繁殖并导致果蔬腐烂。一旦微生物开始滋生,它们会迅速消耗果蔬中的营养物质,同时产生各种有害的代谢产物,如毒素和异味物质,这不仅会缩短果蔬的保鲜期,还会严重影响其食用品质和安全性。

为了有效控制这些微生物的生长,科学家们研发了具有抗菌作用的保鲜剂。这些保鲜剂中的抗菌成分经过精心筛选和提取,具有高效、广谱的抗菌特性。它们能够破坏微生物的细胞结构,如细胞膜或细胞壁,导致微生物细胞内的物质泄漏和细胞死亡。此外,一些抗菌成分还能够干扰微生物的代谢过程,阻断其能量产生和物质合成的途径,从而进一步抑制其生长和繁殖。

使用具有抗菌作用的保鲜剂可以有效防止微生物在果蔬表面的生长和繁殖。这些保鲜剂通常以喷雾、浸泡或涂膜的形式应用于果蔬表面,形成一个保护层,将果蔬与外部环境中的微生物隔离开来。同时,保鲜剂中的抗菌成分能够迅速扩散到果蔬组织内部,与微生物接触并发挥抗菌作用。通过这种方式,保鲜剂能够显著减少果蔬表面的微生物数量,降低腐烂的风险。

通过控制微生物的生长,具有抗菌作用的保鲜剂能够保持果蔬的完整性和品质。这些保鲜剂不仅能够减少果蔬因微生物污染而导致的腐烂和损失,还能够保持果蔬原有的色泽、风味和营养价值。此外,保鲜剂还能够延长果蔬的贮藏寿命,使其在更长的时间内保持新鲜和可食用的状态,为消费者提供更好的食用体验。

3.6.1.3 调节乙烯含量

乙烯是果蔬成熟和衰老过程中不可或缺的一种植物激素。在果蔬从青涩到成熟的自然过程中,乙烯的生成量会逐渐增加,这一变化是果蔬内部生理机制的自然反应。乙烯的释放对于促进果蔬的呼吸作用、软化果肉、产生特征性的颜色和风味具有关键作用。然而,当乙烯的生成量超过一定阈值时,问题就出现了。过高的乙烯含量会加速果蔬的衰老和腐烂过程,导致果蔬在贮藏期间迅速失去其原有的品质和口感。这对于果蔬的贮藏和运输来说是一个巨大的挑战,因为长时间的贮藏和运输常常需要更长时间的保鲜。

为了解决这个问题,科学家们研发了除乙烯剂这一工具。除乙烯剂的主要作用是通过吸附或分解乙烯分子来降低果蔬内部乙烯的含量。这些除乙烯剂中的活性成分能够与乙烯分子发生反应,从而阻止乙烯在果蔬内部积累。具体来说,除乙烯剂中的某些成分能够与乙烯分子形成稳定的复合物,从而将其从果蔬内部"移除"。另一些除乙烯剂则通过催化反应将乙烯分子分解为无害的物质,如水和二氧化碳。这些过程都能够有效地降低果蔬中乙烯的浓度,从而延缓果蔬的成熟和衰老过程。

通过使用除乙烯剂,可以实现对果蔬中乙烯含量的调控。这种调控不仅可以保持果蔬在贮藏期间的硬度和口感,延长其保鲜期,还可以避免乙烯对其他果蔬产生的交叉污染,保证整个贮藏环境的稳定性。

3.6.2 常见的保鲜剂类型

在果蔬贮藏和保鲜过程中,为了延长其保鲜期并保持其品质,科学家们还研发了多种不同类型的处理剂。其中,针对乙烯这一关键激素的调节剂,以及用于抑制微生物生长的抗菌剂,扮演着至关重要的角色。

物理吸附剂、氧化分解剂、生物型乙烯脱除剂和抗菌剂都是果蔬贮藏和保鲜过程中常用的处理剂。它们各自具有不同的作用机制和应用场景，可以根据果蔬的种类和贮藏条件选择合适的处理剂进行使用。通过合理使用这些处理剂，可以有效延长果蔬的保鲜期并保持其品质。

3.6.2.1 物理吸附剂

物理吸附剂在果蔬保鲜中扮演着不可或缺的角色，特别是在控制乙烯浓度方面。乙烯作为果蔬成熟和衰老的重要激素，其浓度的控制对于延长果蔬的保鲜期至关重要。物理吸附剂正是通过其独特的性质来实现这一目标的。

物理吸附剂的主要特点在于它们拥有巨大的比表面积和复杂的孔隙结构。这些特性使它们能够像海绵一样吸附周围的气体分子，包括果蔬释放的乙烯。当果蔬在贮藏过程中开始释放乙烯时，物理吸附剂中的微孔和表面能够迅速捕捉并固定这些乙烯分子，从而有效地降低果蔬周围环境中乙烯的浓度。

活性炭和硅胶是两种常见的物理吸附剂。活性炭是由含碳物质经过高温炭化和活化处理而制成的一种多孔性碳质材料，它具有高度发达的孔隙结构和巨大的比表面积，能够吸附大量的气体和液体中的杂质。硅胶则是一种高活性的吸附材料，由硅酸凝胶经脱水干燥制成，其内部为纳米级微孔结构，也具有很强的吸附能力。

这些物理吸附剂在果蔬保鲜中的应用非常广泛。它们可以通过包装材料、保鲜袋或保鲜盒的形式与果蔬直接接触，从而持续吸附果蔬释放的乙烯。通过这种方式，物理吸附剂能够在不改变果蔬品质的前提下有效地延长果蔬的保鲜期。

此外，物理吸附剂的使用还具有许多优点。首先，它们不会与果蔬发生化学反应，因此不会对果蔬产生不良影响。其次，物理吸附剂的吸附过程是可逆的，当吸附饱和后，可以通过加热或减压等方式将吸附的乙烯分子释放出来，从而实现吸附剂的再生和重复使用。最后，物理吸附剂的来源广泛，成本相对较低，使其在果蔬保鲜领域具有广阔的应用前景。

3.6.2.2 氧化分解剂

氧化分解剂在果蔬保鲜领域中的应用是一种有效的化学手段,它通过特定的化学反应将果蔬释放的乙烯转化为无害物质,从而实现对乙烯的有效控制。乙烯作为果蔬成熟和衰老的重要激素,其浓度的控制对于维持果蔬品质和延长保鲜期至关重要。

氧化分解剂中常用的成分包括高锰酸钾和过氧化氢等,它们具有强氧化性,能够与乙烯产生化学反应。当果蔬在贮藏过程中释放乙烯时,这些氧化分解剂能够迅速与乙烯分子接触并发生反应,将乙烯氧化分解为水和二氧化碳等无害物质。这种化学反应不仅降低了果蔬中乙烯的浓度,减少了乙烯对果蔬成熟和衰老的促进作用,而且生成的产物对果蔬无害,不会对其品质产生不良影响。

在使用氧化分解剂时需要注意控制其用量和浓度。过量的氧化分解剂可能会与果蔬中的其他成分发生不必要的反应,导致果蔬品质下降或产生不良反应。因此,在使用氧化分解剂时,应根据果蔬的种类、贮藏条件和保鲜需求等因素进行科学合理地选择和使用。

氧化分解剂虽然能够将乙烯氧化分解为无害物质,但这个过程需要一定的时间和条件。因此,在使用氧化分解剂时,需要确保其与果蔬充分接触并维持一定的作用时间,以确保对乙烯的有效去除。

3.6.2.3 生物型乙烯脱除剂

生物型乙烯脱除剂是一种创新而环保的方法,它通过利用特定的微生物或酶类来自然分解果蔬释放的乙烯。这种方法不仅符合可持续发展的理念,而且在实际应用中有显著的效果。

这些特定的微生物或酶类被精心挑选和培养,它们具备识别并分解乙烯分子的能力。当果蔬在贮藏过程中释放乙烯时,这些生物型乙烯脱除剂能够迅速发挥作用,将乙烯分解为更小的、无害的分子,如水和二氧化碳。通过这种方式,它们有效地降低了果蔬中乙烯的浓度,从而延缓了果蔬的成熟和衰老过程。

与物理吸附剂和化学氧化分解剂相比,生物型乙烯脱除剂具有独特的优势。首先,它们来源于自然,与果蔬的生理过程更为契合,因此不会对果蔬产生不良影响。其次,这些微生物或酶类在分解乙烯的同时,还能够抑制其他微生物的生长,起到了双重保鲜的作用。这有助于减少果蔬在贮藏过程中的损耗,并延长其保鲜期。此外,生物型乙烯脱除剂还具有环保和可持续的优点。它们在使用过程中不会产生有害的副产物,且可以通过自然方式进行再生和循环利用。这有助于减少对环境的污染,降低果蔬保鲜的成本,并提高果蔬的附加值。

在实际应用中,生物型乙烯脱除剂可以通过喷洒、浸泡或涂膜等方式应用于果蔬表面。这些处理方式简单易行,且不会对果蔬产生任何损伤。同时,由于这些生物型乙烯脱除剂具有较长的有效期,因此可以在果蔬贮藏过程中持续发挥作用,确保果蔬的品质和保鲜期。

3.6.2.4 抗菌剂

抑制果蔬表面微生物的生长是确保果蔬在贮藏和运输过程中保持新鲜和品质的关键步骤。在这个过程中,抗菌剂发挥了重要作用,特别是苯甲酸钠和山梨酸钾等常见的抗菌剂。

苯甲酸钠和山梨酸钾等抗菌剂的作用机制主要是通过破坏微生物的细胞壁或细胞膜来实现的。这些抗菌剂能够渗透进入微生物的细胞膜,干扰其正常的生理功能,导致微生物细胞内的物质泄漏和细胞死亡。通过这种方式,抗菌剂有效地抑制了果蔬表面微生物的生长和繁殖,从而延长了果蔬的保鲜期。

然而,虽然抗菌剂在果蔬保鲜中发挥了重要作用,但过量使用或不当使用也可能对人体健康和环境造成不良影响。过量使用抗菌剂可能导致果蔬中残留物的积累,对人体健康构成潜在威胁。此外,抗菌剂也可能对果蔬自身的生理过程产生干扰,影响果蔬的品质和口感。

因此,在使用抗菌剂时,应遵循适量使用的原则。首先,应根据果蔬的种类、贮藏条件和保鲜需求等因素,选择合适的抗菌剂种类和使用浓度。其次,应严格按照使用说明和规定进行使用,避免过量使用或不当使用。此外,还应加强对抗菌剂残留物的监测和控制,确保果蔬中抗菌剂的残留量在安全范围内。

除了使用抗菌剂外,还可以通过其他措施来抑制果蔬表面微生物的生长,如保持果蔬的清洁卫生、控制贮藏环境的温度和湿度等。这些措施同样重要,有助于减少微生物的污染和生长,保持果蔬的新鲜和品质。

3.6.3 保鲜剂贮藏的注意事项

在果蔬保鲜的实践中,选择和使用保鲜剂是一个至关重要的环节。

3.6.3.1 选择适当的保鲜剂

不同的果蔬在生理特性、成熟速度、水分含量以及抗氧化能力等方面都存在差异,因此它们对鲜剂的需求也各不相同。例如,某些果蔬可能更适合使用物理吸附剂来去除乙烯,而另一些则可能需要使用生物型乙烯脱除剂或抗菌剂来保持其新鲜度。

在选择保鲜剂时,应充分考虑果蔬的种类、贮藏条件、保鲜期要求以及目标市场等因素。例如,对于需要长期贮藏和运输的果蔬,可能需要选择具有更强保鲜效果的保鲜剂;而对于直接面向消费者的果蔬,可能需要选择更加环保和安全的保鲜剂。

3.6.3.2 控制使用浓度

保鲜剂的使用浓度是直接影响其保鲜效果的关键因素。过高的浓度可能会对果蔬造成损害,如导致果蔬表面出现斑点、变色或腐烂等现象;而过低的浓度则可能无法达到预期的保鲜效果。因此,在使用保鲜剂时,应严格按照产品说明或专家建议的浓度进行配制和使用。对于不同种类和规格的果蔬,可能需要采用不同的使用浓度。此外,还应注意在使用过程中保持保鲜剂浓度的稳定性,避免浓度波动对果蔬造成不良影响。

3.6.3.3 注意安全性

部分保鲜剂可能对人体健康造成一定影响,如某些化学合成的抗菌剂可能具有潜在的毒性或致癌性。因此,在使用这些保鲜剂时,应特别注意安全防护措施:应确保保鲜剂的来源可靠、质量合格,避免使用假冒伪劣或过期变质的保鲜剂；在使用过程中应佩戴适当的防护用品，如手套、口罩等，避免直接接触或误食保鲜剂；将保鲜剂存放在儿童无法触及的地方，防止儿童误食或误用。

3.6.4 保鲜剂贮藏的应用实例

3.6.4.1 苹果贮藏

在苹果的贮藏过程中，采用含有抗菌剂和除乙烯剂的复合保鲜剂是一种高效且实用的方法。这种复合保鲜剂融合了抗菌剂对微生物生长的抑制作用和除乙烯剂对乙烯的去除能力，从而能够显著延长苹果的贮藏期，并保持其优良的品质和口感。

抗菌剂如苯甲酸钠、山梨酸钾等可以有效抑制苹果表面和内部的微生物生长，减少因微生物污染而导致的腐烂和变质。这不仅能够保持苹果的外观完整，还能防止其因微生物活动而产生的异味。

同时，除乙烯剂的作用也不容忽视。乙烯是苹果在成熟过程中释放的一种植物激素，它会加速苹果的成熟和衰老。通过使用除乙烯剂，如高锰酸钾、活性炭等，可以有效地去除苹果释放的乙烯，降低其乙烯含量，进而延缓苹果的成熟和衰老过程，从而保持苹果在贮藏期间的硬度和口感，使其保持更长时间的新鲜状态。

在使用复合保鲜剂处理苹果时，需要严格控制使用浓度和操作方法，以确保其安全性和有效性。同时，还应根据苹果的品种、贮藏条件和保鲜期要求等因素进行合理选择和使用，以达到最佳的保鲜效果。

3.6.4.2 番茄贮藏

对于番茄的贮藏而言，物理吸附剂的应用同样具有显著的效果。番茄在成熟过程中也会释放乙烯，而乙烯的积累会加速其软化和腐烂。通过使用物理吸附剂，如活性炭、硅胶等，可以有效地去除番茄释放的乙烯，降低其乙烯含量和呼吸速率。

物理吸附剂通过其较大的比表面积和孔隙结构，能够迅速吸附番茄释放的乙烯分子，从而显著降低番茄周围环境中乙烯的浓度。这种物理吸附的方式简单易行,且不涉及化学反应,因此不会对番茄产生不良影响。同时,由于物理吸附剂可以重复使用,因此其成本也相对较低。

在使用物理吸附剂处理番茄时,需要注意将其均匀分布在贮藏环境中,以确保其能够有效地吸附乙烯。此外,还应根据番茄的品种、贮藏条件和保鲜期要求等因素进行合理选择和使用物理吸附剂的类型和用量,以达到最佳的保鲜效果。

通过采用合适的保鲜措施,可以有效地延长苹果和番茄等果蔬的贮藏期,并保持其优良的品质和口感。这不仅能够满足消费者对新鲜果蔬的需求,还能减少因果蔬腐烂而产生的浪费和损失。

3.7 电磁处理

果蔬贮藏中的电磁处理是一种先进的保鲜技术,它基于人为改变生物周围的电场、磁场和带电粒子的情况,从而影响生物体的代谢过程。电磁处理作为一种先进的果蔬贮藏技术,在延长果蔬保鲜期、保持品质和风味方面具有显著优势。随着技术的不断发展和完善,电磁处理在果蔬贮藏领域的应用前景将更加广阔。

3.7.1 电磁处理工作原理

电场和磁场在果蔬贮藏中的应用,构成了电磁处理技术的重要一环。这种技术通过精确控制电场和磁场的强度与频率,对果蔬产生一系列微妙的生物物理效应,从而有效地影响果蔬的生理代谢过程,实现保鲜、延长贮藏期的目的。电场和磁场在果蔬贮藏中的应用具有显著效果。通过精确控制电场和磁场的强度与频率,可以实现对果蔬生理代谢过程的调控,延缓果蔬的成熟和衰老过程,保持果蔬的新鲜度和口感。同时,电磁处理技术还具有环保、安全、无残留等优点,是未来果蔬贮藏领域的重要发展方向。

3.7.1.1 电场的作用

呼吸作用是果蔬在贮藏过程中不可避免的一个生理过程,它涉及能量的消耗和营养物质的分解。然而,过度的呼吸作用会加速果蔬的成熟和衰老,导致品质下降。此时,电场的引入成了关键。当果蔬暴露在特定强度的电场中时,电场会作用于果蔬细胞内的离子,干扰它们的正常运动。这种干扰可以影响呼吸酶的活性,使呼吸底物的消耗减少,进而降低果蔬的呼吸速率。这种调控机制能够有效地延缓果蔬的成熟和衰老过程,保持其新鲜度和口感。

除了调控呼吸作用,电场在果蔬贮藏中还有其他重要作用。它可以通过影响果蔬细胞膜的通透性来减少水分和营养物质的流失。果蔬在贮藏过程中,由于细胞膜的通透性增加,水分和营养物质容易流失,导致果蔬失去原有的风味和营养价值。然而,电场的存在可以改变细胞膜的结构,降低其通透性,从而减少水分和营养物质的流失。这样一来,果蔬的耐贮藏性得到了增强,可以保持更长时间的新鲜度。

此外,电场还能够促进果蔬内部抗氧化酶的活性。抗氧化酶是一类能够抵抗氧化作用的酶类,它们能够清除果蔬内部的自由基,防止氧化作用对果蔬品质造成损害。在电场的作用下,抗氧化酶的活性得到增强,可以更有效地清除自由基,提高果蔬的抗氧化能力。这样果蔬在贮藏过程中就不容易受到氧化作用的影响,保持了其原有的品质和口感。

3.7.1.2 磁场的作用

通过磁场特有的磁感应强度,能够影响果蔬细胞内的带电粒子运动,进而在分子层面调控果蔬的生理代谢过程。这种调控机制对于延长果蔬的贮藏期、保持其品质和口感具有重要意义。

(1)磁场处理能够有效抑制果蔬的呼吸作用。呼吸作用是果蔬在贮藏过程中消耗能量、分解营养物质的重要生理过程。然而,过度的呼吸作用会加速果蔬的成熟和衰老,导致品质下降。通过磁场处理,可以降低果蔬的呼吸速率,减少能量和营养物质的消耗,从而延缓果蔬的成熟和衰老过程。

(2)磁场处理能抑制果蔬乙烯的产生。乙烯是果蔬在成熟过程中释放的一种气体,它能够促进果蔬的成熟和衰老。然而,过多的乙烯会加速果蔬的变质过程。通过磁场处理,可以减少乙烯的产生,从而降低果蔬的成熟速率,保持其更长时间的保鲜期。

（3）磁场处理还能提高果蔬的抗氧化能力。抗氧化能力是果蔬抵抗氧化作用、保持品质的重要因素。在磁场的作用下,果蔬内部的抗氧化酶活性得到增强,能够更有效地清除自由基,减少氧化作用对果蔬品质的影响。

（4）磁场处理还能促进果蔬内部的物质代谢。通过改变果蔬细胞内的离子运动和代谢途径,磁场能够加速营养物质的合成和积累,提高果蔬的营养价值。

（5）磁场处理能抑制果蔬表面微生物的生长和繁殖。微生物污染是导致果蔬腐烂和变质的重要因素之一。通过磁场处理,可以破坏微生物的细胞膜结构,抑制其生长和繁殖,从而减少果蔬因微生物污染而导致的腐烂和变质。

3.7.1.3 水分子结构的变化

外加静电场在果蔬贮藏保鲜领域的应用已经引起了广泛关注。这种技术利用静电场对果蔬中的水分子结构产生独特的影响,进而调控果蔬的生理代谢过程,实现延长贮藏期限和保持品质的目标。

在果蔬细胞中,水分子是生命活动不可或缺的重要组成部分。它们参与了许多生理过程,包括细胞内的物质运输、代谢反应以及酶活性的调节等。而外加静电场则能够打破水分子原有的平衡状态,使其结构发生变化。具体来说,静电场的作用会使水分子中的氢键发生断裂或重组,导致水分子的排列和极性发生变化。这种变化会进一步影响到与水分子相互作用的酶分子。酶是一类具有催化作用的蛋白质,它们通过特定的结构域与底物结合,降低反应的活化能,从而加速化学反应的速率。而水分子作为许多酶促反应的介质,其结构的变化会直接影响到酶分子的催化效率。

在静电场的作用下,水分子结构的变化会导致酶分子与底物之间的相互作用发生变化。一方面,这种变化可能会降低酶分子与底物之间的结合力,使酶分子更容易从底物上解离,从而降低了酶促反应的速率。另一方面,静电场还可能通过改变酶分子的构象或电荷分布,影响到酶分子与底物之间的识别和结合过程,进而改变酶促反应的速率和选择性。

在果蔬贮藏中,静电场通过改变水分子结构来影响果蔬的生理代谢过程。具体而言,静电场可以降低果蔬的呼吸速率和乙烯含量。呼吸作用是果蔬在贮藏过程中消耗能量、分解营养物质的重要生理过程,而乙烯则是促进果蔬成熟和衰老的关键激素。静电场的作用可以抑制呼吸酶的活性,减少呼吸底物的消耗,从而降低呼吸速率;同时,静电场还可以抑制乙烯合成酶的活性,减少乙烯的产生。这些变化都有助于延缓果蔬的成熟和衰老过程,保持果蔬的新鲜度和口感。

此外,静电场还可能通过影响果蔬细胞膜的通透性来减少水分和营养物质的流失。在静电场的作用下,果蔬细胞膜的结构和电荷分布可能发生变化,使细胞膜对水分和营养物质的通透性降低。这有助于保持果蔬的水分和营养成分,增强果蔬的耐贮藏性。

3.7.2 电磁处理实例

在果蔬保鲜领域,高压静电场处理技术展现出了其独特的优势。以番茄为例,通过高压静电场处理,可以显著延长其贮藏时间,同时保持其新鲜度和口感。具体来说,当番茄经过电场强度为 150kV/m、每天处理 60min 的高压静电场处理后,其呼吸高峰可以推迟 14d 出现。这意味着番茄在贮藏过程中,其呼吸作用被有效抑制,从而减少了营养物质的消耗和品质的下降。同时,这种处理还使番茄保持了较好的硬度,进一步延长了其货架期。

除了高压静电场处理外,放电处理也是一种有效的果蔬保鲜技术。以甜辣椒为例,放电处理可以显著抑制其呼吸强度和转红率。当甜辣椒经过 20min 的放电处理后,花萼部分的新鲜度最好,说明放电处理对于维持甜辣椒的色泽和新鲜度有着积极的作用。此外,放电处理 10min 后的甜辣椒果实腐烂率相对较低,这意味着放电处理不仅能够延长甜辣椒的贮藏期,还能够减少其腐烂损失。

这两种技术之所以能够有效保鲜果蔬,是因为它们能够影响果蔬的生理代谢过程。高压静电场处理通过改变果蔬细胞内的离子运动和代谢途径,抑制了呼吸酶的活性,减少了呼吸底物的消耗,从而降低了呼吸速率。而放电处理则可能通过破坏果蔬表面的微生物细胞结构,抑制了微生物的生长和繁殖,减少了因微生物污染而导致的腐烂和变质。

3.7.3 电磁处理类型

（1）磁场处理在果蔬保鲜中的应用。磁场处理技术在果蔬保鲜领域展现出其独特的优势。该过程通常是将果蔬产品放置在一个电磁线圈内，通过精确控制磁场强度以及产品通过线圈的移动速度，使果蔬受到一定磁力线的影响。这种影响并非直接对果蔬进行物理性的改变，而是通过磁场作用于果蔬细胞内的带电粒子，进而在分子层面调控果蔬的生理代谢过程。

磁场处理能够影响果蔬的呼吸作用和乙烯生成。通过调控细胞内的离子运动和代谢途径，磁场能够降低果蔬的呼吸速率，减少能量和营养物质的消耗，从而延缓果蔬的成熟和衰老过程。同时，磁场还能减少乙烯的生成，乙烯是果蔬在成熟过程中释放的一种激素，能够加速果蔬的成熟和衰老。因此，通过减少乙烯的生成，磁场处理能够进一步延长果蔬的保鲜期。

（2）高压电场处理在果蔬保鲜中的应用。高压电场处理则是另一种创新的果蔬保鲜技术。该技术通过设置一个悬空电极和一个接地电极，在二者之间形成不均匀的电场。果蔬产品被放置在电场内，接受间歇或连续的正离子、负离子和 O_3（臭氧）处理。

负离子对果蔬的生理活动具有显著的抑制作用。它们能够干扰果蔬细胞内的离子运动和代谢过程，降低呼吸酶的活性，从而减少呼吸底物的消耗，降低果蔬的呼吸速率。这种抑制作用有助于延缓果蔬的成熟和衰老，保持其新鲜度和口感。

3.8 臭 氧 处 理

臭氧作为一种强大的氧化剂和消毒剂，在多个领域都展现出了其独特的优势。它通常通过专用的电离装置对空气进行电离而生成，这一特性使臭氧能够在多种环境中有效应用。臭氧处理并不会对果蔬产品本身造成负面影响。相反,它能够去除果蔬表面的农药残留和有害物质,提高果蔬的卫生安全性。同时,臭氧处理还能够保持果蔬的色泽和口感,使果蔬在贮藏过程中保持更好的品质。

3.8.1 臭氧处理的作用机制

在果蔬贮藏过程中,臭氧处理作为一种先进的保鲜技术,因其独特的优势而备受关注。臭氧作为一种强氧化剂,不仅具有出色的杀菌消毒能力,还能有效抑制果蔬的新陈代谢,甚至去除异味和农药残留,为果蔬的保鲜提供全方位的保障。

3.8.1.1 杀菌消毒

臭氧在果蔬保鲜中的应用具有革命性的意义,其强大的氧化性为果蔬的贮藏过程带来了显著的益处。具体来说,臭氧能够迅速且有效地杀死果蔬表面的微生物,这些微生物通常包括各种细菌、病毒和真菌等,它们都是导致果蔬腐败和变质的主要因素。

清华大学的研究团队深入探索发现,臭氧处理不仅能够在果蔬表面形成一层保护膜,更能深入果蔬的表皮组织,直接攻击微生物的细胞壁和细胞膜。这种攻击会导致微生物的细胞结构被破坏,使其无法继续生长和繁殖,从而实现对果蔬表面的全面消毒与杀菌。

臭氧处理的优势在于其高效性和广谱性。无论是常见的细菌还是难以处理的病毒和真菌,臭氧都能展现出强大的杀伤力。此外,臭氧处理过程中不产生有害物质,对环境友好,且对果蔬的营养成分和口感影响较小,因此备受青睐。

在果蔬贮藏过程中,臭氧处理能够有效地减少腐败和变质的发生。这是因为臭氧能够迅速杀死果蔬表面的微生物,减少它们对果蔬的侵害。同时,臭氧还能抑制果蔬的呼吸作用,减少乙烯的产生,延缓果蔬的成熟和衰老过程,从而进一步延长果蔬的保鲜期。

3.8.1.2 抑制新陈代谢

在果蔬的贮藏过程中,一个不可忽视的自然现象是它们会进行呼吸作用。这个过程不仅消耗了果蔬内部储存的营养物质,还会释放出如乙烯这样的气体。乙烯作为一种植物激素,在果蔬的成熟和衰老过程中扮演着至关重要的角色。

乙烯的释放量通常与果蔬的成熟度和衰老速度呈正相关。随着果蔬的逐渐成熟,其乙烯释放量也会逐渐增加,这会进一步加速果蔬的软化、变色和失水等过程,导致果蔬的品质迅速下降。因此,如何有效地控制乙烯的生成和积累,成了果蔬贮藏中亟待解决的问题。而臭氧处理技术为人们提供了一个有效的解决方案。臭氧的强氧化性使其能够迅速与乙烯发生反应,将其氧化分解为无害的物质。通过这一过程,臭氧处理能够显著降低果蔬呼吸产生的乙烯浓度,进而降低果蔬的呼吸速率,延缓其成熟和衰老过程。这种作用对于保持果蔬的新鲜度和口感具有重要意义。由于乙烯的减少,果蔬的软化、变色和失水等过程被延缓,果蔬的品质和口感得到了有效保持。此外,臭氧处理还能够抑制果蔬表面微生物的生长和繁殖,进一步延长果蔬的保鲜期。

在竞争激烈的果蔬市场中,新鲜度和口感是决定消费者购买意愿的关键因素之一。因此,通过臭氧处理技术降低果蔬的乙烯含量,延缓其成熟和衰老过程,不仅能够保持果蔬的新鲜度和口感,还能够提高果蔬的市场竞争力,使其在市场中更具吸引力。

3.8.1.3 去除异味和农药残留

在果蔬的生长和贮藏过程中,往往会遇到一些难以避免的异味问题。这些异味可能来源于果蔬本身的代谢产物,也可能是外部环境中的油烟、粉尘等污染物附着在果蔬表面所产生的。这些异味不仅会对果蔬的品质造成负面影响,降低消费者的购买意愿,还可能对人体健康构成潜在威胁。

为了解决这一问题,臭氧处理展现出了其独特的优势。臭氧作为一种具有强氧化性的气体,具有很好的除臭性能。它能够迅速与异味产生的有机或无机物质发生反应,通过氧化分解的方式去除这些异味。无论是果蔬自身的代谢产物还是外部环境中的污染物,臭氧都能够有效去除,让果蔬恢复原有的清新气味。

除了除臭作用外,臭氧处理还能够降低果蔬表面的农药残留量。农药在果蔬生长过程中起到了重要的保护作用,但过量使用或不当使用可能导致农药残留在果蔬表面。这些农药残留不仅影响果蔬的安全性,还可能对人体健康造成危害。臭氧处理可以通过氧化分解农药分子,降低其毒性和残留量,从而提高果蔬的安全性和卫生性。

臭氧处理在去除果蔬异味和降低农药残留方面的作用机制主要依赖于其强氧化性。臭氧能够迅速与异味物质和农药分子发生反应,破坏它们的分子结构,使其失去原有的活性或毒性。这种氧化分解的过程是高效且彻底的,能够有效地去除果蔬表面的异味和农药残留。

在实际应用中,臭氧处理通常与其他保鲜技术相结合,如低温贮藏、气调贮藏等。这些技术的综合应用可以进一步提高果蔬的保鲜效果,延长其保鲜期。通过臭氧处理去除异味和降低农药残留,再结合其他保鲜技术,可以确保果蔬在贮藏过程中保持优良的品质和安全性,满足消费者对高品质果蔬的需求。

3.8.2 臭氧处理的操作方法

在果蔬贮藏过程中采用臭氧处理技术时,需要确保正确安装臭氧发生器、合理控制臭氧浓度和处理时间以及保持适当的贮藏室湿度。这些措施将有助于充分发挥臭氧的杀菌消毒和除臭作用,延长果蔬的保鲜期并保持其品质和口感。

3.8.2.1 安装臭氧发生器

在果蔬贮藏室中选择一个合适的位置来安装臭氧发生器。由于臭氧需要均匀分布在贮藏室内以达到最佳效果,因此应将臭氧发生器安装在距离地面约 2m 的墙壁上。这样的高度不仅有助于臭氧的扩散,还能避免臭氧发生器受到地面湿气或杂物的影响。

在安装过程中,还需要确保臭氧发生器的进风口和出风口畅通无阻,以便臭氧能够顺利进入贮藏室并扩散到每个角落。此外,还需要根据贮藏室的面积和高度,选择合适的臭氧发生器型号和功率,以确保臭氧产生量能够满足需求。

3.8.2.2 控制臭氧浓度和处理时间

在臭氧处理过程中,控制臭氧浓度和处理时间是非常关键的。一般来说,臭氧浓度应控制在 12 ~ 22mg/kg 内,这个浓度范围被认为是对果蔬保鲜效果最佳的。然而,具体的臭氧浓度还需要根据果蔬种类、贮藏条件以及贮藏时间等因素进行调整。

处理时间通常每天为 1 ~ 2h。在这个时间段内,臭氧会不断与果蔬表面的微生物和异味物质发生反应,从而达到杀菌消毒和除臭的效果。然而,过长的处理时间可能会导致果蔬表面过度氧化,影响其品质和口感。因此,在实际操作中需要根据具体情况灵活调整处理时间。

3.8.2.3 保持贮藏室湿度

在臭氧处理过程中,保持贮藏室的湿度在 95% 左右是非常重要的。高湿度有利于臭氧的杀菌效果,因为湿润的环境可以使臭氧更好地与微生物和异味物质接触并发生反应。此外,高湿度还有助于保持果蔬的新鲜度,减少水分流失和萎缩现象的发生。

为了保持贮藏室的湿度,可以在贮藏室内设置加湿器或喷雾装置,定期向贮藏室内喷洒适量的水雾。同时,还需要注意定期检查贮藏室的密封性能,确保外界空气不会过度进入导致湿度下降。

3.8.3 臭氧处理的注意事项

在果蔬贮藏中应用臭氧处理技术时,必须重视其安全性、兼容性和适用性。通过合理的操作和管理,可以确保臭氧处理技术的有效应用,为果蔬的保鲜提供有力的支持。

3.8.3.1 安全性

臭氧虽然具有强大的杀菌和除臭能力,但它对人体也具有一定的刺激性。因此,在使用臭氧处理果蔬时,应确保人员与臭氧的隔绝至关重要。操作人员应严格遵循安全操作规程,佩戴专门的防护装备,如防护眼镜、手套和口罩,以防止臭氧直接接触皮肤和眼睛。此外,处理结束后,应确保贮藏室充分通风换气,以降低臭氧浓度,确保环境安全。

3.8.3.2 兼容性

在果蔬贮藏过程中,通常会采用多种保鲜技术以提高保鲜效果。臭氧处理作为一种新兴的保鲜技术,可能与其他技术(如冷藏、气调等)产生协同效应,但也存在潜在的冲突。因此,在选择和应用保鲜技术时,需要综合考虑各种技术的特点和效果,确保它们之间的兼容性。通过合理的组合和搭配,可以充分发挥各种技术的优势,提高果蔬的保鲜效果。

3.8.3.3 适用性

不同的果蔬种类对臭氧处理的敏感性和适应性各不相同。有些果蔬可能对臭氧处理比较敏感,容易受到氧化损伤,而有些则可能具有较好的适应性。因此,在选择是否使用臭氧处理时,需要根据果蔬种类和贮藏条件进行充分的评估和试验。通过了解果蔬的特性,可以确定最适合的臭氧处理参数(如浓度、处理时间等),以确保处理效果的同时避免对果蔬造成不必要的损害。

第4章
常见果蔬贮藏保鲜实用技术

　　本章旨在探讨和介绍常见果蔬的贮藏保鲜实用技术,重点涵盖水果和蔬菜两大类。水果部分将详细阐述苹果、梨、核果类(如桃、李等)、葡萄、香蕉以及柑橘等水果的贮藏保鲜技术;蔬菜部分则将深入探讨番茄、萝卜、胡萝卜、黄瓜、菜豆、马铃薯、洋葱、芹菜以及蒜薹等常见蔬菜的贮藏保鲜实用策略。

4.1　常见水果贮藏保鲜实用技术

4.1.1 苹果贮藏保鲜实用技术

4.1.1.1 贮藏特性

苹果作为典型的呼吸跃变型水果,其贮藏策略尤为关键。对于计划进行长期贮藏的苹果,最佳采收时机应锁定在呼吸跃变启动之前,以确保贮藏效果。

在品种选择上,苹果呈现出明显的耐贮性差异。相较于早熟品种,如黄魁、祝光、红魁、早捷等,这些品种因质地疏松、酸度较高、果皮薄弱且蜡质覆盖不足,往往难以承受长途运输与长时间贮藏的考验。而转向中熟品种阵营,元帅系、红玉、金冠、乔纳金、嘎拉、粉红女士等品种则展现出较强的耐贮运能力,尽管红玉与金冠需注意防范失水皱皮现象,元帅系则需留意果肉发霉的问题,但通过冷藏技术可有效延长其贮藏寿命,若采用气调贮藏,保鲜效果更是显著提升。

谈及晚熟品种,国光、青香蕉、秦冠、王林、北斗、红富士、澳洲青果等品种通常在金秋十月迎来成熟季。这些苹果肉质紧实、口感脆甜略带酸爽,得益于晚熟阶段养分的充分积累,它们成了最适宜长期贮运的佼佼者。在冷藏或气调贮藏条件下,这些晚熟品种的保鲜期可轻松延长至 7 ~ 8 个月之久。因此,在选择贮藏苹果时,应优先考虑那些商品性状优良且耐贮藏的中、晚熟品种。

4.1.1.2 贮藏条件

对于苹果这一广泛种植的水果而言,其理想的贮藏温度因品种及产地而异,普遍介于 -1 ~ 0℃,冰点温度则波动于 -3.4 ~ -2.2℃。值得注意的是,苹果品种的多样性直接影响了其最佳贮藏温度的设定。例如,旭光苹果偏爱 0℃ 的贮藏环境,而国光苹果更适合在略低的 -2℃ 条件下保存。进一步来说,即便是同一品种的苹果,若其产地不同,适宜的贮藏温度也可能有所差异。

此外,贮藏方式的选择也会对适宜温度产生影响。气调贮藏作为一种高效的保鲜手段,要求的温度往往略高于传统的冷藏方法,具体差异在 0.5 ~ 1℃。在维持适宜温度的同时,冷库的相对湿度同样关键,应保持在 92% ~ 95% 的高水平,以确保苹果的新鲜度。为实现这一目标,人工加湿措施如洒水、洒雪等常被应用于冷库中。

气调贮藏技术通过精确控制贮藏环境中的 O_2 和 CO_2 浓度,为苹果提供了更为理想的保鲜条件。一般来说,苹果在气调贮藏中的理想气体环境为 O_2 浓度 2% ~ 3%,CO_2 浓度 0% ~ 5%,但这一标准亦需根据具体品种进行调整。例如,黄元帅苹果偏好 O_2 浓度 1% ~ 5%,CO_2 浓度 1% ~ 6%;国光苹果要求 O_2 浓度 2% ~ 6%,CO_2 浓度 1% ~ 4%;红富士苹果适宜的 O_2 浓度范围为 2% ~ 7%,而 CO_2 浓度可低至 0% ~ 2%。这些细微的调整旨在最大化地延长不同品种苹果的保鲜期。

4.1.1.3 贮藏方式

(1)沟藏。沟藏作为我国北方苹果产区的一种传统贮藏方式,尤其适合耐贮藏的晚熟品种,其贮藏期可长达 5 个月,损耗小且保鲜效果显著。以山东烟台地区为例,贮藏沟通常沿东西向挖掘,宽度介于 1 ~ 1.5m,深度约 1m,长度依据贮藏量和地形而定,常见长度为 20 ~ 25m,能容纳约 10000kg 的苹果。沟底需平整,并铺设 3 ~ 7cm 厚的湿沙作为底层。苹果在 10 月下旬至 11 月上旬期间入沟,预贮后的果实温度应控制在 10 ~ 15℃。果堆厚度保持在 33 ~ 67cm。贮藏初期,由于果温和气温较高,需采取白天遮盖、夜晚揭开的措施以降低温度。至 11 月下旬,随着气温显著下降,需加盖草席等保温材料,并随气温变化逐渐加厚至 33cm。为防止雨雪渗入,可在覆盖物上加设塑料薄膜或搭建席棚。整个冬季需维持果温在 -2 ~ 2℃,通常可贮藏至次年 3 月左右。春季气温回升时,苹果需迅速出沟,以免腐烂变质。

(2)窖窖贮藏。采收后的苹果首先进行预冷处理,待果实温度和窖内温度都降至接近0℃时,再进行贮藏。苹果被装入箱或筐内,并堆码在窖底铺设的木枕或砖上,各果箱(筐)之间保持适当空隙,以确保通风顺畅。同时,码垛时需与窖顶、墙壁及通气口保持60～70cm的空隙。

(3)通风库贮藏。通风库贮藏前需进行库房的彻底清扫、晾晒和消毒。苹果预冷后,待库温降至约10℃时方可入库。果箱(筐)底部应垫砖或枕木,且箱(筐)与墙、地面及彼此之间需留出空隙以利于通风。通风库的温度与湿度管理策略与窖藏相似。

(4)冷库贮藏。苹果入库时,果筐或果箱采用"品"或"井"字形进行码垛,以充分利用库房空间。不同种类、品种、等级和产地的苹果需分别码放。为了有效散热降温,贮藏密度应控制在250kg/m³以下,货垛的排列、走向及间隙需与库内空气环流方向一致。具体的货位码垛要求包括:距墙0.2～0.3m,距顶0.5～0.6m,距冷风机不少于1.5m,垛间距离0.3～0.5m,库内通道宽1.2～1.8m,垛底需垫高0.1～0.2m的木(石)。为确保降温速度,每日入库量应控制在库容量的8%～15%,并在入满库后48h内降至苹果适宜的贮藏温度。

贮藏期间,库房管理人员需严格按照冷藏条件及相关规程,定时检测并调控库内的温度和湿度,维持贮藏温度在−1～0℃,波动不超过1℃。同时,需适当通风以排除不良气体,并将贮藏环境的乙烯浓度控制在10μL/L以下。此外,还需进行加湿、排湿处理,调节贮藏环境中的相对湿度至85%～90%。

在苹果出库前,需进行升温处理以防止结露现象。升温处理可在升温室或冷库预贮间进行,每次升温速度以高于果温2～4℃为宜,相对湿度保持在75%～80%。当果温升至与外界温度相差4～5℃时,即可出库。

(5)气调贮藏。

塑料薄膜袋贮藏:在苹果箱内衬以0.04～0.07mm厚的塑料薄膜袋,装果后扎口密封放入库房。贮藏初期需监控CO_2浓度,尤其富士苹果需保持CO_2浓度不高于3%。

塑料薄膜帐贮藏:利用高压聚氯乙烯薄膜在冷库中搭建帐子封闭果垛,通过快速降氧、自然降氧或半自然降氧等方法控制帐内O_2浓度。需注意果实罩帐前的充分冷却与库内低温稳定。

硅窗气调贮藏:在塑料帐上嵌入硅橡胶窗,利用硅橡胶的透气性能自动调节帐内CO_2与O_2比例。硅窗面积需根据贮藏量和气体成分要求

109

确定。

气调库贮藏：能够自动精确控制库内气体成分、温度和湿度，是理想的贮藏方式。苹果应在采收后 24h 内入库冷却并开始贮藏，贮藏温度可比一般冷藏提高 0.5 ～ 1℃。

（6）小包装贮藏。在果筐或果箱中衬以塑料薄膜袋，装入苹果后密封袋口，形成一个独立的贮藏单元，置于低温环境中贮藏。贮藏期间需定期检查袋内气体成分，如 O_2 过低、CO_2 过高时应及时换气。

4.1.2 梨贮藏保鲜实用技术

4.1.2.1 贮藏特性

白梨系统主要分布在华北和西北地区，其果实多为近卵形，果柄较长，果皮呈黄绿色，果点细密。肉质脆嫩，汁多且渣少，采摘后即可食用。该系统中的鸭梨、酥梨、雪花梨、长把梨、雪梨、秋白梨和库尔勒香梨等品种，均因商品性状优良且耐贮运而成为我国梨树栽培和贮运营销的主要品种。秋子梨系统的多数品种品质较差，且不耐贮藏。沙梨系统的各品种耐贮性也相对较弱，通常采摘后即上市销售，或仅进行短期贮藏。西洋梨系统则包括巴梨（又称香蕉梨）、康德、茄梨、日面红、三季梨和考密斯等主要品种，它们品质上乘但同样不耐贮藏，因此也常在采摘后迅速上市。

根据果实成熟后的肉质硬度，梨可分为硬肉梨和软肉梨两大类。白梨和沙梨系统属于硬肉梨，肉质硬度大；秋子梨和西洋梨系统属于软肉梨。一般而言，硬肉梨相较于软肉梨更耐贮藏，但对 CO_2 的敏感性较强，在气调贮藏时容易发生 CO_2 伤害。

大多数梨品种的适宜贮藏温度为（0 ± 1）℃。然而，像鸭梨这样的个别品种对低温较为敏感，需要采用缓慢降温或分段降温的方式来减轻黑心病的发生。在低温环境下，适宜的相对湿度为 90% ～ 95%。进行气调贮藏时，大多数梨品种能适应较低的 O_2 浓度（3% ～ 5%），但对 CO_2 较为敏感。不过，也有少数品种如巴梨、秋白梨和库尔勒香梨能在较高的 CO_2 浓度（2% ～ 5%）下贮藏。当 O_2 浓度较低且 CO_2 浓度超过 2%

时,鸭梨、酥梨和雪花梨的果实有可能出现果心褐变。

4.1.2.2 贮藏方式

梨的贮藏方式与苹果有诸多相似之处,短期保存时可采取沟藏、窑窖贮藏或通风库贮藏等方法。然而,对于需要中长期贮藏的梨来说,机械冷库贮藏成了我国当前的主流选择。特别是针对鸭梨、冬香梨、京白梨这类对低温环境尤为敏感的品种,采后若直接置于 0℃ 的冷库中,极易引发黑心现象。因此,在入库初期,建议将温度设定在 10℃ 以上,随后每周逐步降低 1℃,待温度降至 7 ~ 8℃ 时,再调整为每 3d 降低 1℃,历经约 30 ~ 50d 的时间,最终将库温稳定至 0℃。

在梨的贮藏实践中,采用塑料薄膜密封贮藏或气调库贮藏的情况并不多见,这主要是由于部分梨品种如鸭梨对 CO_2 浓度变化较为敏感。因此,若决定采用气调贮藏技术来延长梨的保鲜期,需要配备有效的 CO_2 脱除机制,以确保贮藏环境的适宜性。

4.1.3 核果类水果贮藏保鲜实用技术

桃、李与杏等水果均归类于核果家族,它们均具有皮薄、肉质柔软且汁液丰富的特性。这类果实的丰收时节主要集中在每年的 6—8 月,因此更适宜进行短期贮藏以保持其新鲜度。由于桃、李、杏的果实均展现出较高的呼吸强度,并同属于呼吸跃变型果实,它们在贮藏生理层面展现出了共同的特点,这也意味着在采取贮藏技术措施时可以遵循一套基本相似且有效的策略。

4.1.3.1 贮藏特性

桃、李、杏这三个核果类品种在耐藏性方面呈现出显著的差异。具体来说,桃的早熟品种普遍不耐贮藏与运输,相比之下,晚熟、肉质偏硬且核部黏连的品种则展现出更好的耐藏性。例如,早熟水蜜桃与五月鲜等品种耐藏性较弱;山东青州蜜桃、肥城桃、中华寿桃以及河北晚香桃等,因其特性而更加适宜长途运输与长期贮藏。此外,诸如大久保、白凤、冈山白等桃品种,同样在耐藏性方面表现优异。

在李子这一类别中,牛心李、冰糖李、黑琥珀李等品种以其较强的耐藏性脱颖而出。这些品种不仅能够在贮藏过程中保持较好的品质,还能有效延长市场供应期。

至于杏果,根据其肉质的不同,大致可分为水杏类、面杏类与肉杏类。水杏类果实成熟后,果肉柔软多汁,风味鲜美,因此也较易变质,不便于贮藏与运输;面杏类果实因成熟后肉质变得绵软,甚至呈现粉糊状,其品质相对较差;肉杏类果实介于二者之间,其果肉成熟后既保持了弹性与坚韧度,又拥有较厚的果皮,不易软烂,因此既适宜鲜食,也便于贮藏与加工。例如,河北的串枝红、鸡蛋杏,山东招远的拳杏,以及峨山的红杏等,均属于肉杏类中的佼佼者。

4.1.3.2 贮藏条件

(1)桃。桃的贮藏条件因其品种而异,但通常而言,适宜的贮藏温度为 $-0.5 \sim 2℃$,相对湿度需维持在 90% ~ 95%。在气调贮藏环境下,O_2 浓度建议控制在 1% ~ 2%,而 CO_2 浓度适宜保持在 4% ~ 5%。在这样的条件下,桃可保鲜贮藏 15 ~ 45d。

(2)李。对于李子的贮藏,理想的温度范围是 $-1 \sim 0℃$,相对湿度需保持在 90% ~ 95% 的高水平。在采用气调贮藏技术时,O_2 浓度建议设定在 3% ~ 5%,而 CO_2 浓度推荐为 5%。值得注意的是,李子对 CO_2 浓度极为敏感,长时间处于高 CO_2 环境中可能会导致果顶开裂率上升。

(3)杏。杏的贮藏温度应控制在 0 ~ 2℃,相对湿度与桃和李相似,也需保持在 90% ~ 95% 的高水平。在气调贮藏条件下,适宜的 O_2 浓度为 3% ~ 5%,而 CO_2 浓度应调节至 2% ~ 3%,以确保杏在贮藏期间保持最佳品质。

4.1.3.3 贮藏方式

(1)桃。
①常温贮藏。为了延长桃在常温下的保鲜期,可采用钙处理、热处理或 0.02 ~ 0.03mm 厚的聚氯乙烯袋进行单果包装,亦可使用特制的保鲜袋,如国家农产品保鲜研究中心研发的 HA 系列桃保鲜袋(厚度 0.03mm),该袋内含离子代换性保鲜成分,能有效预防贮藏期间的 CO_2

伤害,其中 HA-16 在常温保鲜桃方面成效显著。

②冷库贮藏。在 0℃、相对湿度 90% ~ 95% 的环境下,桃可贮藏 3 ~ 4 周。但需注意,长时间冷藏会导致果实风味变淡,甚至产生冷害,移至常温后难以正常后熟。采用塑料小包装有助于延长贮藏期,提升保鲜效果。

③气调贮藏。在特定的气调环境中贮藏桃子,如温度为 0℃、相对湿度为 85% ~ 90%、CO_2 的体积分数为 5%、O_2 的体积分数为 1% 以下。这种贮藏方式可以将桃子的贮藏期延至 6 周,比在空气中冷藏的贮藏期延长 1 倍。若在气调袋中加入浸过高锰酸钾的砖块或沸石吸收乙烯,效果会更好。

④间歇升温贮藏。对于七八成熟的大久保桃,在(2±1)℃条件下冷藏,并每隔 10d 将果实置于室温(25 ~ 28℃)下升温 24 ~ 36h,可有效减缓贮藏期间的品质下降。同样,白凤桃在 0℃下贮藏 20d 后易出现絮败现象,而通过每隔 9d 在 18℃下加温 24h 的方法,可显著延缓这一现象。

(2)李。

①冷藏。将完好的李子装箱,先在 4℃下预贮 2d,随后转入消过毒的冷库中,在 -0.5 ~ 1℃、相对湿度为 85% ~ 95% 的条件下可贮藏约 30d。

②气调贮藏。预冷后的李子装入 0.025mm 厚的塑料薄膜袋中,于 0 ~ 1℃、O_2 浓度为 1% ~ 3%、CO_2 浓度为 7% ~ 8% 的条件下,可贮藏长达 70d。

③间歇升温贮藏。在 -0.5℃下贮藏李子 15d 后,升温至 18℃并保持 48h,之后再次转入 -0.5℃贮藏。

(3)杏。

由于杏的商业贮藏需求较小,主要贮藏方法简述如下:

①冷藏。适宜贮藏温度为 0 ~ 1℃,相对湿度 90% ~ 95%,贮藏期一般为 1 ~ 3 周。贮藏后在 18 ~ 24℃下进行后熟处理。

②气调贮藏。在 0 ~ 1℃、相对湿度 90% ~ 95%、O_2 浓度为 2% ~ 3%、CO_2 浓度为 2.5% ~ 3% 的条件下进行气调贮藏。

(4)樱桃。

①冷藏。采摘后的樱桃须立即进行预冷处理,并装箱送入已消毒且温度降至适宜的冷库中。冷库的温度应保持在 0 ~ 1℃,相对湿度控制

在 90% ~ 95%,在这样的条件下,樱桃可以贮藏 20 ~ 30d,保持其新鲜度和口感。

②气调贮藏。樱桃也可通过气调贮藏来延长保质期。首先,将樱桃装入塑料薄膜袋中,敞口进行预冷,待果温降至 0℃后扎紧袋口贮藏。在 0 ~ 1℃的温度下,袋内的 O_2 浓度应控制在 3% ~ 5%,CO_2 浓度控制在 10% ~ 25%,这样贮藏期可以达到 30 ~ 40d。但需注意,高浓度的 CO_2 可能会使樱桃带有异味,因此在出库前需要解开袋口,让异味散去。

若采用更为先进的气调库贮藏,条件可以设定为:温度 0 ~ 1℃、相对湿度 90% ~ 95%、O_2 浓度为 2% ~ 3%、CO_2 浓度为 5% ~ 6%。在这样的条件下,樱桃的贮藏期可以延长 20d 以上,对于晚熟品种,甚至可以达到 2 个月的贮藏期。

4.1.4 葡萄贮藏保鲜实用技术

4.1.4.1 贮藏特性

不同品种的葡萄因其遗传背景、生长环境及果实特性而具有不同的贮藏特性。龙眼、秋黑、巨峰、玫瑰香和红地球等品种耐贮性较强,适宜在低温高湿条件下贮藏,配合适宜的保鲜剂,可实现较长时间的贮藏。黑奥林、夕阳红、京优等品种耐贮性中等,需注意控制温度和湿度。马奶、木纳格、无核白等品种属于不耐贮藏品种,贮藏期较短,易出现果皮擦伤褐变、果柄断裂、果粒脱落等现象。在贮藏过程中,应根据品种特性采取相应的管理措施,如控制温度与湿度、定期通风换气、防虫害以及合理使用保鲜剂等,以延长贮藏期并保持果实品质。

4.1.4.2 贮藏条件

鲜食葡萄的最佳贮藏温度为 0 ~ 1℃,相对湿度需维持在 90% ~ 95%。O_2 浓度建议保持在 2% ~ 5%,CO_2 浓度则控制在 3% ~ 8%。虽然葡萄对低氧与高 CO_2 环境不特别敏感,但极端条件仍可能对其造成伤害。

4.1.4.3 防腐技术

（1）SO₂熏蒸。SO₂对常见的葡萄真菌如灰霉菌具有强烈的抑制作用。葡萄装箱后，根据贮量码成大小不同的垛，罩上塑料薄膜帐，用适量的SO₂熏蒸一定时间（如20min），然后揭帐通风。在贮藏过程中，每隔一定时间（如7～10d或15～20d）需重复熏蒸一次。

（2）硫酸盐防腐。使用亚硫酸氢钠或焦亚硫酸钠与硅胶粉混合制成小包或小片，放在贮藏箱中自然挥发出SO₂进行防腐。这种方法操作简便，防腐效果良好。

（3）物理活化保鲜袋。使用物理活化保鲜袋进行贮藏，通过调节袋内气体浓度来减弱葡萄的呼吸作用，延缓衰老和腐烂。保鲜袋还具有保持保鲜剂释放的防腐保鲜成分处于有效浓度范围的作用。

4.1.4.4 贮藏方式

（1）沟藏。葡萄采摘后经过精心挑选与整理，放置于垫有瓦楞纸或轻质塑料泡沫的箱子或浅篓中，每容器装载量控制在20～25kg，果穗摆放以2～3层为宜。接着，将这些装载好的容器置于通风良好且避光处进行为期约10d的预冷处理。挖沟选址应朝向南北，沟宽设定为100cm，深度为1～1.2m。沟底需铺设一层厚度约为5～10cm的洁净河沙，再将预冷完成的果穗紧密排列于沙层之上，层数控制在2～3层，确保果粒不受挤压损伤。贮藏初期，日间需以草席覆盖沟顶以防日晒，夜间揭开以促通风；随着气温下降，当日间沟内温度维持在1～2℃时，应全天候覆盖草席；若沟温进一步降至0℃以下，则需增加覆盖物厚度以保温防冻。

（2）气调贮藏。在气调贮藏葡萄时，精确控制贮藏环境的温湿度至关重要。一般而言，低温高湿条件最为适宜，具体气体指标因品种而异，但多数品种推荐O₂浓度维持在2%～4%，CO₂浓度在3%～5%。贮藏期间，库温应稳定在-1～0℃，相对湿度保持在90%～95%的高水平。若采用塑料帐进行贮藏，需先将葡萄装箱并按帐内规格堆码整齐，待库内温度稳定至0℃左右时，迅速罩上塑料帐并密封。在整个贮藏过程中，需定期检测并调整帐内氧气与CO₂的含量，以确保贮藏效果。

（3）机械冷藏库贮藏。葡萄采收后应立即进行预冷处理,将果温迅速降至 5℃左右,随后转移至冷藏库中堆码贮藏。入库后,须迅速启动降温程序,力求在 3d 内将库温降至 0℃以下,降温速度越快,越有利于葡萄的长期贮藏。在整个贮藏周期内,库温应持续保持在 -1 ~ 0℃的低温状态,同时维持库内湿度在 90% ~ 95%,以创造最佳的贮藏环境。

（4）涂膜贮藏。利用多糖物质对葡萄进行喷涂处理,可在其表面形成一层半透明性的保护膜。这层膜不仅能够显著降低果实的呼吸速率,减少水分蒸发及病原菌的侵袭,还能有效抑制真菌的生长,防止果实褐变,从而保持葡萄的天然风味与食用品质。通过这种方法,即使在常温条件下,葡萄的保鲜期也能从原本的 2 ~ 3d 延长至 8d。此外,对于龙眼、甲斐路、玫瑰香等晚熟品种的葡萄,还可采用塑料袋小包装低温贮藏保鲜法,可进一步延长其保鲜期限至春节期间。

4.1.5 香蕉贮藏保鲜实用技术

4.1.5.1 贮藏条件

香蕉理想的贮藏条件需精心设定,温度范围应维持在 11 ~ 13℃。香蕉对低温环境极为敏感,一旦温度降至 11℃以下,果实便易遭受冷害影响。然而,过高的温度同样不利于香蕉的贮藏,会导致果实无法正常成熟转黄,甚至可能引发高温灼伤现象,表现为果皮变黑、果肉过度糖化,从而大幅降低其商品价值。在湿度方面,香蕉贮藏时的相对湿度应保持在 90% ~ 95% 的高水平。此外,贮藏环境中的气体成分也需严格控制,一般建议 O_2 浓度维持在 3% ~ 5%,CO_2 浓度则控制在 5% ~ 7%,以确保香蕉处于最佳贮藏状态。

4.1.5.2 贮藏方法

（1）低温贮藏运输。在我国,香蕉的运输方式多样,其中机械保温车和加冰保温车是常用的低温运输手段。为确保香蕉在运输过程中保持最佳状态,其适宜贮藏温度需严格控制在 11 ~ 13℃。值得注意的是,若温度低于 11℃,香蕉易发生冷害,影响品质。

（2）薄膜袋包装加高锰酸钾贮藏保鲜。为延长香蕉的贮藏期，采用半透性薄膜袋进行密封包装是一种有效方法。这种包装方式不仅能调节袋内 CO_2 与 O_2 的比例至理想范围（CO_2 约 5%，O_2 约 2%），还能有效防止水分蒸发，使袋内相对湿度维持在 85% ~ 95%，从而创造出一个适宜香蕉贮藏的微环境。在薄膜材料的选择上，厚度介于 0.03 ~ 0.06mm 的薄膜袋效果尤为显著。

此外，结合使用高锰酸钾溶液可进一步增强保鲜效果。具体做法是：将高锰酸钾溶液饱和后，用珍珠岩、活性炭、三氧化二铝或沸石等作为载体进行吸收，随后阴干至含水量控制在 4% ~ 5%。使用时，将干燥后的高锰酸钾载体用塑料薄膜、牛皮纸或纱布等包裹成小包，并在包上打小孔以便气体交换，每袋香蕉中放置 1 ~ 2 个小包。实践证明，采用此方法贮藏的香蕉，其保鲜期可比自然放置延长 3 ~ 5 倍。

4.1.5.3 催熟

（1）乙烯催熟。在催熟室内，通过调节乙烯浓度至 200 ~ 500mg/L，并维持室内温度在 20℃，相对湿度保持在 85%，可有效促进香蕉成熟。为避免室内 CO_2 积聚过多，需实施定期通风措施，即每隔 24h 打开通风口 1 ~ 2h，随后再次密闭并补充乙烯气体。待观察到香蕉开始转变颜色时，即可取出。

（2）乙烯利催熟。利用浓度为 2000mg/L 的乙烯利溶液，通过喷淋方式均匀施于香蕉表面，随后覆盖塑料薄膜以保持环境封闭，并控制温度在 17 ~ 19℃。经过 2 ~ 3d 的处理，香蕉即可转黄成熟。

（3）熏香催熟。将香蕉置于密闭的容器或小室内，通过点燃棒香产生烟雾进行催熟。棒香的使用量及密闭时间需根据外界气温和香蕉的饱满程度灵活调整。例如，对于 2500kg 的香蕉，在气温约 30℃ 时，使用 10 支棒香并密闭 10h；气温降至 25℃ 左右时，棒香数量增至 15 支，密闭时间延长至 20h；若气温进一步降至 20℃ 左右，则需使用 20 支棒香并密闭 20h。对于饱满度较高的香蕉，可适当减少棒香用量。完成熏香催熟后，在温暖天气应将香蕉移至通风阴凉处（最适宜温度为 20℃ 左右）继续成熟，寒冷季节则需注意防寒保暖。

4.1.6 柑橘贮藏保鲜实用技术

4.1.6.1 贮藏特性

柑橘果实在采摘后常面临失重问题,这直接影响了果实的新鲜度。值得注意的是,柑橘家族种类繁多,不同种类及品种的贮藏特性存在显著差异。其中,柠檬以其独特的耐藏性脱颖而出,柚类、橙类紧随其后,柑类和橘类则相对较弱。具体而言,果皮厚实紧密、果肉酸度较高、果心维管束细小且晚熟的品种,往往展现出更佳的贮藏潜力;反之,皮薄易损、酸度偏低、维管束粗大且早熟的柑橘品种较不耐贮藏。在柑橘类水果中,柠檬类、甜橙类、沙田柚及蕉柑等品种因其出色的耐贮藏性而备受青睐。此外,柑橘类果实属于非跃变型,意味着它们在采摘后不会经历显著的后熟过程。因此,成熟度略高的柑橘类果实往往能表现出更好的贮藏稳定性。

4.1.6.2 贮藏条件

不同种类的柑橘以及同一种类下的不同品种,其最适宜的贮藏温度存在着明显差异。以柠檬和葡萄柚为例,它们通常需要在 10 ~ 15℃ 的温度下贮藏,以确保最佳保鲜效果。对于宽皮柑橘类(除个别品种外),更倾向于 4 ~ 10℃ 的贮藏温度范围。至于甜橙类,其理想的贮藏温度更低,介于 1 ~ 5℃。

在湿度控制方面,甜橙类要求贮藏环境的相对湿度维持在 90% ~ 95%,以减缓水分蒸发,保持果实的新鲜度。对于宽皮柑橘类,适宜的相对湿度则略低,为 80% ~ 85%。

此外,在柑橘的贮藏过程中还需注意对 CO_2 浓度的控制。一般来说,贮藏环境中的 CO_2 浓度应保持在 1% 以下,以避免对果实造成不利影响。由于柑橘属于非跃变型果实,且对气调贮藏的适应性不强,因此通常不建议采用气调贮藏方式进行保鲜。

4.1.6.3 贮藏方式

（1）通风库贮藏。这是我国当前柑橘的主要贮藏方式。它巧妙地利用冷热空气的对流作用，保持库内较低且相对稳定的温度环境。然而，这种方式普遍存在湿度偏低的问题，相对湿度约为85%，有时甚至低于70%。这种湿度条件容易导致果实显著失水失重，还容易引发褐斑病。为了弥补这一不足，可以采用聚乙烯薄膜对单果进行包装。通风库贮藏还充分利用季节和日夜之间的温度变化，通过适当的通风换气来调节库内的温度和湿度，同时排除库内的不良气体。

（2）冷库贮藏。冷库贮藏的温度设置因柑橘种类的不同而有所差异。例如，甜橙的适宜贮藏温度为 4 ~ 5℃，温州蜜柑等宽皮柑橘类的适宜温度为 3 ~ 4℃，椪柑为 7 ~ 9℃，红橘则为 10 ~ 12℃。在冷藏过程中，要注意通风换气，以排除过多的 CO_2 等有害气体。换气操作通常在气温较低的早晨进行。为了使库内的温度迅速降到所需要的水平，进库的果实需要经过预冷散热处理。同时，冷库制冷的蒸发器也要经常除霜，以确保制冷效果不受影响。甜橙在采后经过 40 ~ 45℃ 的预处理 4 ~ 6d，再进行冷藏，可以大大减少贮藏过程中褐斑病的发生。

（3）气调贮藏。

①薄膜包贮藏。使用聚乙烯塑料薄膜对单果或大袋进行包装，然后放入通风库贮藏，这种方式具有明显的保鲜效果。

②薄膜大帐贮藏。将采后经过选果、预贮的柑橘装箱后，封入0.06mm 厚的聚乙烯薄膜大帐中。根据不同的品种贮温要求，控制适宜的温度、湿度和气体组成（一般 CO_2 浓度不高于 3%，O_2 浓度不低于18%）。在通风条件下，通常可以贮藏 3 ~ 5 个月。这种方法烂果率低（仅1.29%），干耗小（3.73%），好果率高（94% 以上）。此方法特别适用于贮藏温州蜜柑，可以供应至春节期间。

③气调袋冷藏。将无病、无伤的柑橘经过预贮后，装入专用的柑橘保鲜气调袋中（如椪柑硅窗袋、锦橙硅窗袋等），每袋分别装 3kg 或 6kg的柑橘。然后装箱入冷库进行贮藏。根据品种要求控制温度和湿度，袋内气体可以分别维持在适宜的比例（如 $18\%O_2$、$1.5\%CO_2$ 或 $19\%O_2$、$1\% ~ 2\%CO_2$），以达到良好的贮藏效果。

（4）松针贮藏。松针贮藏是一种传统而有效的柑橘贮藏方式。将经过处理的果实直接放在干净的房内,先在地面垫一层鲜松针,再铺一层果实,如此分层存放。这种方式也可以用于容器贮藏。在贮藏期间,如果松针变干,需要及时更换新鲜松针。遇到吹西北风的干寒天气时,应加盖草席或草包以保温、保湿。用此法贮藏的柑橘新鲜味浓,通常可以贮藏至次年的 2 ~ 3 月。

4.2 常见蔬菜贮藏保鲜实用技术

4.2.1 番茄贮藏保鲜实用技术

4.2.1.1 贮藏特性

番茄的成熟过程可划分为几个关键阶段:绿熟期,标志着果实的初步成长;微熟期,此阶段番茄开始转色,直至顶部泛红;半熟期,果实大部分呈现红色;坚熟期,番茄完全变红且质地保持硬实;软熟期,果实既红且柔软。值得注意的是,从绿熟期到顶红期,番茄的果实展现出较强的耐贮藏性和抗病能力,因此,为了长期贮藏,应在此阶段进行采收。在贮藏过程中,需采取措施尽量延长番茄停留在这一阶段的时间,这一过程俗称“压青”。在理想状态下,直到贮藏周期结束,番茄才逐渐达到坚熟期的成熟度。压青时间的有效延长,直接关联到番茄贮藏期限的增加。

在选择用于贮藏的番茄品种时,应优先考虑那些种子腔较小、果皮厚实、果肉紧密、干物质及含糖量高、组织保水性能优异的品种。特别是针对长期贮藏的需求,应挑选含糖量不低于 3.2% 的品种,以确保番茄在贮藏期间能够保持良好的品质和风味。

4.2.1.2 贮藏条件

番茄的贮藏条件需根据其成熟度精细调整,具体而言,红熟阶段

的番茄最适宜的贮藏温度为 0 ~ 2℃,绿熟期的番茄应将温度维持在
10 ~ 13℃,若温度低于 10℃,极易诱发冷害现象。冷害对番茄果实
的影响显著,表现为局部或整体出现水浸状病变,表面形成褐色斑点,
这不仅降低了果实的商品价值,还易使其遭受病害侵袭,最终导致腐
烂。值得注意的是,绿熟期的番茄在低温条件下贮藏会阻碍其正常成
熟。为了确保番茄在贮藏期间保持最佳状态,适宜的相对湿度应控制在
85% ~ 90%,同时,贮藏环境中的 O_2 和 CO_2 浓度均应维持在 2% ~ 5%
的平衡范围内。

4.2.1.3 贮藏方式

(1)窖藏和通风库贮藏。在炎热的夏季,对于窖藏和通风库内
的番茄贮藏,关键在于有效降温。可利用夜晚凉爽时段进行通风换
气,力求将窖或库内的温度维持在 10 ~ 13℃,同时保持相对湿度在
85% ~ 90% 的适宜范围内。进入秋季,随着外界气温逐渐下降,须特
别防范低温对番茄造成的损害,加强防寒保暖措施。贮藏期间,建议每
7 ~ 10d 进行一次翻堆检查,将已成熟的番茄挑选出来供应市场,或转
移至 0 ~ 2℃ 的冷库中继续贮藏。此外,许多地区还采用架藏方式,直
接将绿熟番茄分层摆放于果架上,其间需定期检查,剔除烂果,并精心
管理贮藏环境的湿度。

(2)气调贮藏

①塑料薄膜帐贮藏。在气调贮藏番茄时,多数专家推荐贮藏期限为
1.5 ~ 2 个月,既能调节市场供应淡旺季,又能保持番茄的良好品质,同
时减少损耗。若贮藏期短于 45d,入贮前应严格筛选果实,在贮藏过程
中无须频繁开帐检查,以减少温湿度及气体条件的波动,从而提升气调
贮藏的效果。

②薄膜袋小包装贮藏。采用厚度为 0.06mm 的聚乙烯薄膜袋,每袋
装入约 5kg 的番茄,扎紧袋口后置于冷库中。贮藏初期,需每隔 2 ~ 3d
通风一次,待果实开始转红后,可适当放松袋口,以维持适宜的气体交
换环境。

(3)保鲜膜贮藏。首先需制备特定的涂料。将蔗糖脂肪酸或油酸
钠以 10000∶0.75 的比例溶解于水中,加热至 60℃ 后,加入酪蛋白酸钠
2 份及在 60℃ 下氢化的椰子油 15 份,同时以 5000 ~ 6000r/min 的转速

充分搅拌混合,制成涂膜乳化液。随后,将此涂料均匀涂抹或浸涂在番茄表面,待其自然干燥后,即形成一层无色透明的防腐膜,有效延长番茄的保鲜期。采用此方法处理的番茄,晾干后贮藏,保鲜效果显著。

4.2.2 萝卜、胡萝卜贮藏保鲜实用技术

4.2.2.1 贮藏特性

萝卜、胡萝卜在生理上并无休眠期,若在贮藏期间条件适宜,它们便会萌芽并抽薹。这一过程会导致水分和营养向生长点转移,进而引发糠心现象。此外,过高的温度以及机械损伤都可能加剧呼吸作用,使水解作用变得旺盛,从而导致养分消耗增加,进一步促使糠心的形成。萌芽还会使肉质根的重量减轻,糖分减少,组织变得绵软,风味变淡,从而降低了其食用品质。因此,在贮藏萝卜和胡萝卜时,防止其萌芽是最关键的问题。

4.2.2.2 贮藏条件

萝卜和胡萝卜的贮藏条件有其特定的要求。温度方面,萝卜的适宜贮藏温度为 1 ~ 3℃,若温度超过 5℃,则易在短时间内发芽、变糠,而温度低于 0℃,则可能遭受冻害。胡萝卜的适宜贮藏温度则略低,为 0 ~ 1℃。在相对湿度方面,由于萝卜和胡萝卜的含水量高,且皮层缺乏蜡质层、角质层等保护组织,因此在干燥条件下易失水,导致组织萎蔫和内部糠心,增加自然损耗。所以,这两种蔬菜都需要较高的相对湿度,一般应保持在 90% ~ 95%。此外,在气体成分方面,低 O_2 和高 CO_2 的环境能抑制萝卜和胡萝卜的呼吸作用,使它们进入强迫休眠状态,从而抑制发芽。适宜的 O_2 浓度为 1% ~ 2%,CO_2 浓度为 2% ~ 4%。值得注意的是,萝卜和胡萝卜的组织细胞和细胞间隙都很大,具有高度的通气性,并能忍受高浓度的 CO_2,这与它们肉质根长期生长在土壤中形成的适应性密切相关。

4.2.2.3 贮藏方式

（1）沟藏。萝卜和胡萝卜的收获时机至关重要,须防止它们在外受到风吹雨淋、日晒以及受冻的影响,因此应及时将它们入沟贮藏。贮藏沟的宽度应控制在 1 ~ 1.5m,过宽将难以维持沟内适宜而稳定的低温环境。沟的深度应略深于当地冬季的冻土层,以确保萝卜和胡萝卜处于适宜的贮藏温度。以北京地区为例,在 1m 深的土层处,1 ~ 3 月份的温度为 0 ~ 3℃,这大致接近萝卜、胡萝卜的贮藏适温。

在选择贮藏沟的地点时,应优先考虑地势较高、地下水位低、土质黏重、保水力强的地块。贮藏沟一般呈东西方向延长,挖出的表土可以堆在沟的南侧,以起到遮阴的作用。萝卜和胡萝卜可以散堆在沟内,但为了保持湿润并提高直根周围的 CO_2 浓度,最好利用湿沙进行层积。沟内直根的堆积厚度不应超过 0.5m,以防止底层受热。在贮藏产品的面上,初始时应覆一层薄土,并随气温的逐步下降分次添加覆土,总厚度一般为 0.7 ~ 1m。如果湿度偏低,可以浇洒清水,使土壤含水量保持在 18% ~ 20% 为宜,但务必确保沟内不积水。埋藏的萝卜和胡萝卜通常是一次性出沟上市。

（2）窖藏和通风贮藏库贮藏。窖藏和通风贮藏库是北方常用的两种萝卜和胡萝卜贮藏方法。窖藏因其贮藏量大且管理方便而受到青睐。在根菜经过预冷处理后,当气温降至 1 ~ 3℃时,再将它们移入窖内贮藏,可以选择散堆或码垛的方式。一般来说,萝卜的堆高应控制在 1.2 ~ 1.5m,而胡萝卜的堆高为 0.8 ~ 1m。需要注意的是,堆不宜过高,否则堆中心的温度不易散发,会导致腐烂现象加剧。为了促进堆内热量的散发和便于翻倒检查,堆与堆之间应留有空隙,并在堆中每隔 1.5m 左右设置一个通风塔。

在贮藏前期,一般不需要进行倒堆操作。然而,立春后,应根据贮藏状况进行全面检查和倒堆,及时剔除腐烂的萝卜和胡萝卜。在贮藏过程中,要特别注意调节窖内的温度。前期如果窖内温度过高,可以打开通气孔散热;中期需要关闭通气孔以利保温;到了贮藏后期,随着天气逐渐转暖,应加强夜间的通风,以维持窖内的低温环境。在窖内使用湿沙与产品进行层积贮藏效果更佳,既保湿又能积累 CO_2。

通风贮藏库的贮藏方法与窖藏相似,但其特点在于通风散热更为方便。不过,由于通风量较大,萝卜容易失水而导致糠心现象;在中期严寒时,由于外界气温较低,萝卜又容易受冻。因此,在通风贮藏库中贮藏萝卜和胡萝卜时,保温和保湿是两个需要特别关注的问题。

（3）薄膜帐封闭贮藏。近年来,沈阳等地巧妙运用了气调贮藏的原理,采用库内薄膜半封闭的方法来贮藏萝卜和胡萝卜,有效地抑制了根菜的失水和萌芽,取得了显著的效果。具体操作步骤为:先在库内将根菜整齐地堆成长方形堆,宽度控制在 1 ~ 1.2m,高度为 1.5m,长度根据库内空间灵活调整,通常为 4 ~ 5m。待至初春萝卜和胡萝卜即将萌芽之际,及时用薄膜帐将其扣上,需注意的是,堆底并不铺设薄膜。这种方法通过适当降低库内的 O_2 浓度,同时积累 CO_2 的浓度,并保持高湿度的环境,从而有效地延长了萝卜和胡萝卜的贮藏期。在贮藏期间,还需适时进行通风换气,以确保库内空气的新鲜度。必要时,还需对萝卜和胡萝卜进行检查挑选,及时除去染病的个体,以保障整体贮藏质量。

4.2.3 黄瓜贮藏保鲜实用技术

4.2.3.1 贮藏特性

黄瓜的栽培周期覆盖春、夏、秋三季,各具特色。春季黄瓜早熟,多采用适宜南方的短黄瓜品种体系;夏、秋季黄瓜侧重于耐热与抗病性,北方鞭黄瓜和刺黄瓜系统以及专门用于加工的小黄瓜系统更受欢迎。至于贮藏目的,秋黄瓜因其特性常被选用。

黄瓜被归类为非跃变型果实,尽管如此,它在成熟过程中仍会释放乙烯。黄瓜以其鲜嫩多汁著称,含水量高达 95% 以上,赋予了它极高的代谢活性。然而,采摘后的黄瓜很快就会展现出后熟衰老的迹象,表现为受精胚的持续发育,从果肉组织中吸取水分与养分,导致果梗端逐渐干瘪,而另一端因种子成长而膨胀,整体形态趋向棒槌状。同时,黄瓜的绿色会逐渐褪去,酸度增加,质地变软。

黄瓜采收时正值高温季节,其表皮缺乏天然保护层,果肉异常脆嫩,极易在搬运或处理过程中遭受机械损伤。因此,在黄瓜的贮藏管理中,两大核心挑战在于如何有效延缓其后熟老化进程以及预防腐烂现象的发生。

4.2.3.2 贮藏条件

黄瓜理想的贮藏温度为 11 ~ 13 ℃,同时确保相对湿度处于 90% ~ 95% 的高水平范围内。若贮藏温度低于 10 ℃,黄瓜极易遭受冷害影响;反之,若温度超过 15 ℃,则黄瓜容易加速老化、腐烂,并出现变黄现象。在气调贮藏的条件下,为了保持黄瓜的最佳状态,建议将 O_2 和 CO_2 的浓度均调控在 5% 左右。

4.2.3.3 贮藏方式

(1)水窖贮藏。对于地下水位偏高的区域,可巧妙利用地形挖掘水窖来保鲜黄瓜。这种半地下式土窖,通常深挖至 2m,窖内蓄水约 0.5m 深,窖底总面积约 $3.5m^2$,而窖口则拓宽至 3m 左右,便于操作。窖底设计有轻微坡度,最低点挖掘一口深井,以防积水过深影响贮藏效果。窖的地上部分以厚实的土墙构筑,高约 0.5m,墙厚介于 0.6 ~ 1m,其上搭建木檩结构,覆盖秫秸并覆土封顶,顶部开设两个天窗以促进通风。窖壁两侧利用竹条、木板搭建贮藏架,中间则铺设木板走道以便通行。为防阳光直射升温,窖南侧特别设置 2m 高的遮阳风障,待气温适宜时再拆除。

黄瓜入窖前,贮藏架上需先铺一层草席作为缓冲,四周同样围以草席,减少黄瓜与窖壁的直接接触,避免碰伤。利用草秆精心编织成 3 ~ 4cm 见方的格子,黄瓜则瓜柄朝下逐一插入格内,确保彼此间不产生摩擦。摆放完毕后,以薄湿席轻轻覆盖其上,以保持湿度。

贮藏期间无须频繁翻动黄瓜,但需定期检查,一旦发现瓜条变黄或出现萎蔫迹象,应立即剔除,防止腐烂扩散。

(2)缸藏。选用洁净的缸作为贮藏容器,缸内注入约 10 ~ 12cm 深的清水,于水面上方 7 ~ 10cm 处安置一带有小孔的隔板。将黄瓜整齐排列于隔板上,直至距离缸口约 10 ~ 13cm 处为止。随后,用牛皮纸紧密封住缸口,将缸置于阴凉通风处。随着天气转冷,可将缸体半埋入土中,或者四周加覆保温材料,以维持缸内温度在 11 ~ 13 ℃,采用此法可保鲜黄瓜约 30d,效果显著。

(3)通风库贮藏。秋冬季节,通风库成为黄瓜贮藏的理想选择。贮

果蔬贮藏与加工技术研究

藏前,须使用硫黄、克霉灵等药物对库房进行全面消毒。随后,可将黄瓜装入 0.3mm 厚的聚乙烯塑料袋中,每袋约 1 ~ 2kg,扎紧袋口后上架摆放;或者直接将黄瓜码放在货架上,上下各铺一层塑料薄膜以保持湿度。装箱码垛后,采用 0.06 ~ 0.08mm 厚的塑料膜制成帐子罩住垛体,四周密封严实。贮藏过程中,需密切关注帐内气体成分变化,当 O_2 浓度降至 5% 以下、CO_2 浓度超过 5% 时,应及时开帐通风换气。入库黄瓜需经过严格筛选,贮藏期间应维持适宜的温度与湿度条件,并定期进行抽样检查,以防腐烂损失。此外,塑料帐内可适量添加乙烯吸收剂,以延长保鲜期。

（4）冷库冷藏。黄瓜采摘后,须立即剔除病、伤、残果,装入筐或箱中迅速运至冷库。在 12 ~ 13℃ 条件下预冷 24h,然后装入小保鲜袋中(每袋约 1 ~ 2kg),同时加入保鲜剂及防腐剂,松扎或挽口后再装箱码垛(若直接置于贮架上最好扎紧袋口)。整个贮藏过程需保持库温在 11 ~ 13℃,以确保黄瓜品质。

（5）塑料大帐气调贮藏。黄瓜的贮藏可以采用一种特殊的气调方式。首先,将黄瓜装入内衬纸或蒲包的筐内,每筐重约 20kg,然后在库内码成垛,注意垛不宜过大,每垛控制在 40 ~ 50 筐为宜。为了防止露水进入筐内,需在垛顶覆盖 1 ~ 2 层纸。同时,在垛底放置消石灰以吸收 CO_2。为了防霉,用棉球蘸取适量的克霉灵药液(0.1 ~ 0.2mL/kg)或仲丁胺药液(0.05mL/kg),然后分散放置到垛、筐的缝隙处,注意不可与黄瓜直接接触。为了吸收黄瓜释放的乙烯,可以在筐或垛的上层放置一些布包或透气小包,这些包内装有浸透饱和高锰酸钾的碎砖块,其用量为黄瓜质量的 5%。接着,使用 0.02mm 厚的聚乙烯塑料帐将整个贮藏区域覆罩起来,确保四周封严。通过快速降氧或自然降氧的方式,将贮藏区域内的 O_2 含量降至 5%。在实际操作过程中,需要每天进行气体测定和调节,以确保气体条件的稳定。为了防腐,每 2 ~ 3d 需要向帐内通入氯气进行消毒,每次的用量为每立方米帐容积通入 120 ~ 140mL,这样可以达到明显的防腐效果。

这种贮藏方式由于严格控制了气体条件,因此其效果优于小袋包装。在 12 ~ 13℃ 的条件下,黄瓜可以贮藏 45 ~ 60d。在贮藏期间,需要定期检查黄瓜的质量状况。一般来说,贮藏约 10d 后,应每隔 7 ~ 10d 检查一次,并将变黄、开始腐烂的瓜条及时清除。在贮藏后期,尤其需要注意黄瓜的质量变化。

126

4.2.4 菜豆贮藏保鲜实用技术

4.2.4.1 贮藏特性

菜豆偏好温暖的环境,对寒冷及霜冻环境尤为敏感,低温条件下易发生冷害现象,具体表现为,豆荚表面出现凹陷斑,严重情况下可能呈现水渍状病斑,甚至导致腐烂。然而,过高的温度同样不利于菜豆的贮藏,当温度超过 10℃时,菜豆易老化,表现为豆荚外皮泛黄,纤维化加剧,种子膨大硬化,豆荚水分流失,同样易引发腐烂。鉴于菜豆主要以嫩荚为食,贮藏过程中需特别留意表皮褐斑的出现。此外,菜豆豆荚对 CO_2 浓度变化反应灵敏,适量的 CO_2（1% ~ 2%）能在一定程度上抑制锈斑的形成,但若浓度超过 2%,锈斑反而增多,甚至有发生 CO_2 中毒的风险。

因此,在选择用于贮藏的豆荚时,应优先考虑那些荚肉厚实、纤维含量低、种子体积小、锈斑轻微且适宜秋季栽培的品种。综合上述因素,菜豆理想的贮藏条件应设定为温度 8 ~ 10℃,相对湿度维持在 95% 左右, CO_2 浓度控制在 1% ~ 2%,同时 O_2 浓度保持在 5% 左右,以确保菜豆在贮藏期间保持良好的品质。

4.2.4.2 贮藏方式

（1）埋藏法。在菜窖底部均匀铺设一层约 5cm 厚的湿润沙子,其上整齐摆放菜豆豆荚,高度控制在 5 ~ 7cm。随后,再次覆盖一层沙子,重复此步骤直至摆放三层豆荚,最上层同样以 5cm 厚的沙子封顶。须确保沙子保持适度湿润,避免过湿引起霉变。每隔 10d 需翻动一次豆荚堆,以确保均匀透气,此方法可延长贮藏期至 1 ~ 2 个月。

（2）土窖贮藏。精心挑选无病虫害及机械损伤的菜豆,将其装入容积为 15 ~ 20L 的荆条筐中。装筐前,务必用石灰水充分浸泡荆条筐进行消毒处理,晾干后使用。筐底及四周铺设略高于筐沿的塑料薄膜,以防豆荚受损,并便于后续密封操作。筐身四周需均匀打孔,孔径约 5mm,数量在 20 ~ 30 个,以促进气体交换并防止 CO_2 积聚。入窖前,采用 1.5 ~ 2mL 仲丁胺进行熏蒸处理,以预防病害。贮藏期间,加强夜间通风,维持窖内温度在 9℃ 左右,并定期倒筐检查,及时剔除腐烂豆荚,以此法可贮藏约 30d。

（3）气调贮藏。首先,对采收的豆荚进行严格挑选,剔除带有病虫害及机械损伤的部分。随后,将合格的豆荚送入冷库预冷处理,直至豆荚温度与库温趋于一致。之后,将豆荚分装至 PVC 材质的小包装袋中,每袋约装 5kg,袋内放置生石灰以吸收可能产生的凝结水。这些包装袋可单层摆放在菜架上,或装入预先处理过的 PVC 筐 /（箱）中,摆放时注意留有空隙以促进空气流通。贮藏期间,每两周检查一次,以确保贮藏效果。此方法下,豆荚可贮藏 1 个月至 50 天不等,好荚率能保持在 80% ~ 90% 的高水平。

4.2.5 马铃薯贮藏保鲜实用技术

4.2.5.1 贮藏特性

马铃薯的块茎在成熟后会经历一段相对较长的休眠阶段,此阶段通常持续 2 ~ 4 个月不等。在此期间,即便外界条件完全满足发芽所需,块茎也不会轻易萌发。一旦生理休眠期结束,若能够通过维持持续低温的环境并增强通风措施,可以有效地使块茎保持在一种被迫的休眠状态中,从而延迟其萌芽的时间。然而,一旦环境条件变得极其适宜,块茎便会自然而然地开始发芽生长。

4.2.5.2 贮藏条件

马铃薯理想的贮藏温度范围应设定在 3 ~ 5℃,相对湿度需维持在 80% ~ 85%,以确保其处于最佳贮藏状态。有研究表明,在特定条件下,即将温度调至 6 ~ 8℃,相对湿度提升至 90% ~ 95%,同时控制 O_2 浓度为 2% ~ 3%,并保持 CO_2 浓度低于 1%,马铃薯的贮藏期限可延长至 240d 之久。

4.2.5.3 贮藏方法

（1）沟藏。沟藏是马铃薯的一种传统贮藏方式。通常在 7 月中旬收获马铃薯后，先进行预贮，直到 10 月份再下沟贮藏。沟的深度一般为 1 ~ 1.2m，宽度为 1 ~ 1.5m，长度则不限。贮藏时，薯块的厚度应控制在 40 ~ 50cm，在寒冷地区可达 70 ~ 80cm。薯块堆好后，上面需覆土保温，覆土的总厚度约为 0.8m，且需随气温的下降逐渐分次覆盖。需要注意的是，沟内堆薯不能过高，否则易导致薯块受热腐烂。

（2）窖藏。可使用井窖或窑窖贮藏，每窖的贮藏量可达 3000 ~ 3500kg。由于窖藏主要利用窖口进行通风和调节温度，因此保温效果较好。但入窖初期不易降温，所以马铃薯不能装得太满，并注意窖口的启闭。使用棚窖贮藏时，需增厚窖顶的覆盖层并加深窖身，以防冻害。窖内薯堆的高度一般不超过 1.5m，且堆内可设置通风筒以利通风。在贮藏过程中，需注意处理薯堆表面的出汗现象，并酌情倒动薯块以防止腐烂。

（3）冷藏。冷藏是一种有效的马铃薯贮藏方式。将出休眠期后的马铃薯转入冷库中贮藏，可以较好地控制发芽和失水。在冷库中，可以进行堆藏或装箱堆码。为了保持马铃薯的品质，需将温度控制在 3 ~ 5℃，相对湿度控制在 85% ~ 90%。

（4）通风库贮藏。在通风库中，薯堆的高度一般不超过 2m，堆内应设置通风筒以利通风散热。为了便于管理和提高库容量，可以采用装筐码垛的方式贮放。不管使用哪一种贮藏方式，都需确保薯堆周围留有一定空隙以利通风散热。

除了上述几种主要的贮藏方式外，还可以使用药物处理和辐射处理等方法来贮藏马铃薯。药物处理主要是使用抑芽剂如氯苯胺灵（CIPC）来抑制马铃薯的发芽。辐射处理是利用 8 ~ 15kGy 的 γ 射线辐照马铃薯，以达到明显的抑芽效果。这些方法都可以在一定程度上延长马铃薯的贮藏期并保持其品质。

4.2.6 洋葱贮藏保鲜实用技术

4.2.6.1 贮藏特性

洋葱,属石蒜科,是一种历经 2 年生长周期的蔬菜,其显著特性便是拥有明确的生理休眠阶段,此阶段持续时间介于 1.5 ~ 2.5 个月。

在我国广泛栽培的洋葱品种,依据其外皮色泽可细分为红皮、黄皮及白皮三大类别。黄皮洋葱,作为中熟至晚熟的代表,以其上乘的品质、较长的休眠期以及优异的贮藏能力而著称,尽管其产量相对略逊一筹。红皮洋葱属于晚熟系列,产量颇丰,风味独特,辣味浓郁,同样具备良好的贮藏特性,但在品质方面稍显不足。白皮洋葱具有早熟的特点,肉质偏于柔软,然而,这也使它更易于抽薹。

从形态学的角度出发,洋葱可大致划分为扁圆形与凸球形两类。其中,扁圆形黄皮洋葱因其独特的形态特点往往展现出更强的贮藏耐力。

4.2.6.2 贮藏条件

洋葱最适宜的贮藏温度应设定在 0 ~ 3℃,而空气相对湿度需维持在 70% ~ 75% 的水平,以确保洋葱能够长时间保持良好状态。采收后的洋葱需经历充分的晾晒过程,以促使外层鳞片变得干燥,这一步骤对于后续的贮藏至关重要,有助于延长洋葱的保鲜期。

4.2.6.3 贮藏方式

(1)简易贮藏。简易贮藏洋葱的方法灵活多样,包括吊藏、挂藏、垛藏及窖藏等。吊藏即将精选并晾晒后的洋葱装入吊筐,悬挂在通风阴凉的室内或仓库中,适合家庭小规模贮藏。挂藏是将洋葱辫子悬挂在干燥通风的房间或荫棚的木架上,注意采取防雨措施,此方法可贮藏至来年春季。

(2)冷库贮藏法。在洋葱结束休眠期、发芽前的半个月内,将葱头装入筐中并码垛,然后贮存在 0℃、相对湿度低于 80% 的冷库内。根据试验结果,洋葱在 0℃的冷库内可以长期保存,尽管有些鳞茎可能会露出短芽,但基本上不会对品质造成损害。由于冷库内湿度通常较高,鳞茎容易长出不定根,并伴有一定的腐烂率。因此,可以在库内适当使用吸湿剂,如无水氯化钙、生石灰等来降低湿度。为防止洋葱长霉腐烂,也可以在入库时使用 0.01mL/L 的克霉灵进行熏蒸处理。

（3）气调贮藏法。洋葱既可以选择简易的自发气调贮藏,也可以采用气调冷藏。若采用塑料薄膜大帐进行贮藏,需将晾干的葱头装入筐中,并使用塑料帐封闭。每垛贮藏量为 5000 ~ 10000kg。塑料帐通常在洋葱脱离休眠期之前封闭,利用洋葱自身的呼吸作用来降低贮藏环境中的 O_2 浓度,并提高 CO_2 浓度。一般维持 O_2 浓度在 3% ~ 6%、CO_2 浓度在 8% ~ 12% 即可。在堆垛时,如果垛内湿度较大,特别是在秋季昼夜温差大的情况下,密封帐内容易凝结大量水珠,这对贮藏是不利的。因此,一方面需要确保贮藏环境中的温度稳定,并配合使用吸湿剂来降低湿度;另一方面,也可以结合药物消毒进行处理,如采用氯气消毒,以达到更为理想的贮藏效果。试验结果显示,采用此方法贮藏到 10 月月底时,发芽率可以控制在 5% ~ 10%,即使气体管理相对粗放,也明显优于不封闭处理的效果。

（4）化学法。利用马来酰肼作为抑芽剂,配置成 0.25% 溶液喷洒于洋葱叶片上,但需精确控制喷药时间,一般在收获前 7d 进行,以免过早或过晚而影响效果。此方法虽能显著抑制发芽,但需注意贮藏后期腐烂率可能上升的问题。

4.2.7 芹菜贮藏保鲜实用技术

4.2.7.1 贮藏特性

芹菜作为蔬菜中的一类,其不同品种在耐贮藏性方面展现出显著差异。一般而言,实心且色泽鲜绿的芹菜品种,由于其组织结构的紧密与色泽的稳定,展现出更强的耐贮藏能力。相反,空心且色泽较浅的品种,在贮藏过程中往往会出现叶柄变糠、质地变粗糙等不良现象,从而限制了其作为长期贮藏品种的适应性。

4.2.7.2 贮藏条件

鉴于芹菜的耐寒特性,冷藏与微冻贮藏成为其理想的贮藏方式。然而,芹菜对于水分流失尤为敏感,极易发生萎蔫现象,因此,维持贮藏环境的高湿度显得尤为关键。具体而言,芹菜的理想贮藏条件包括:冷藏温度应控制在 0 ~ 1℃,冷冻贮藏则适宜于 –2 ~ –1℃ 的温度范围;相对湿度需保持在 90% ~ 96% 的高水平,以确保芹菜的新鲜度;此外,在气体成分方面,O_2 浓度应维持在 2% ~ 3%,CO_2 浓度控制在 4% ~ 5%,这样的气体环境有助于芹菜的长期贮藏保鲜。

4.2.7.3 贮藏方式

(1)假植贮藏。在我国北方区域,假植贮藏法广受欢迎。首先,需挖掘假植沟,其宽度约为 1.5m,深度介于 1 ~ 1.2m,长度可根据实际情况调整。此沟的设计特点为三分之二深埋地下,三分之一露出地面,地上部分以土筑成围墙加以固定。芹菜成熟后,需连根拔起并捆扎成每捆约 1 ~ 2kg 的小把,随后安置于假植沟内,确保捆与捆之间留有通风间隙。接着,向沟内注水至根部被完全淹没,后续视土壤干燥情况适时补充 1 ~ 2 次水分。为维持贮藏环境的稳定,沟顶需覆盖草帘,并根据天气变化适时进行通风与遮蔽处理。在整个贮藏期间,需将温度控制在 0℃ 左右,以防过热或过冷。

(2)微冻贮藏。微冻贮藏技术在山东地区应用广泛且成效显著。具体操作涉及在风障北侧构建冻藏窖,窖体四周以夹板填土夯实筑墙,墙厚约 0.5 ~ 0.7m,墙高 1m。窖的南墙设计有通风筒,而每个通风筒底部开挖深度与宽度均为 0.3m 的通风沟。此外,北墙设有进风口,形成一套完整的通风系统。在严寒天气来临前,须采收带根的芹菜,并筛选出品相优良、无病虫害及机械损伤的个体,捆扎成每捆 5 ~ 10kg。随后,在通风沟上铺设秫秸与细土层,将芹菜根部朝下斜置于窖内,填满后再覆盖一层薄土,以保持菜叶部分微露。随着外界温度下降,需分期加覆土层,但总厚度不宜超过 0.2m。通过调控通风系统,维持窖内温度在 –2 ~ –1℃。在上市前 3 ~ 5d 进行解冻处理,将芹菜取出并置于 0 ~ 2℃ 环境下缓慢解冻,以恢复其新鲜状态。

（3）冷库贮藏。要求将芹菜装入配备有孔聚乙烯膜的板条箱或纸箱内，或选用开口塑料袋进行包装。此类包装既能保持高湿度以减少水分流失，又能有效防止 CO_2 积聚及缺氧造成的损害。冷库内的温度应精确控制在 0℃ 左右，相对湿度需维持在 98% ~ 100% 的高水平。

（4）植物激素处理贮藏。利用赤霉素、苄基腺嘌呤等植物激素，可延迟或抑制芹菜叶绿素的降解过程，从而延缓叶片衰老。例如，在采收前 1 ~ 2d，对大棚内的芹菜喷洒浓度为 30 ~ 50mg/L 的赤霉素溶液；或在采收后当天至次日，于室内进行相同处理。待芹菜表面水分晾干并预冷至 0℃ 后，将其装入薄膜袋中并略微扎紧袋口，随后在 –2 ~ 0℃ 条件下贮藏。此方法可确保芹菜在贮藏 3 个月后仍保持良好的商品率，可高达 95%。

（5）甘油处理贮藏。将芹菜浸泡于 60% 的甘油溶液中持续 2h，随后采用机械方式去除多余甘油，并进行空气干燥处理。复原时，只需以常温清水替换芹菜中的甘油即可。相较于冷冻干燥法，甘油处理能更好地保留芹菜的脆度（约为原始脆度的 80%），且成本更低。

（6）气调贮藏。气调贮藏通过精确控制贮藏环境中的 O_2（2% ~ 3%）与 CO_2（4% ~ 5%）浓度，有效抑制芹菜叶绿素与蛋白质的降解过程。具体操作包括采收带短根的健壮芹菜、去除黄叶与伤叶、捆扎成小捆并预冷至 0℃。随后，将芹菜装入聚乙烯膜袋中，每袋约装 13 ~ 15kg，并略微扎紧袋口以防气体泄漏。将袋子摆放在菜架上以避免相互挤压，维持库温在 –2 ~ 0℃。贮藏期间需定期检查芹菜品质，及时加工修整。一般而言，贮藏 3 个月后芹菜商品率仍可达 90% 左右。

（7）硅窗气调贮藏。硅窗气调贮藏采用特制的聚乙烯塑料袋（长 100cm、宽 70cm），并配备一定面积（96 ~ 110cm²）的硅窗。挑选后的芹菜需经过 24h 预冷处理，然后装入硅窗袋内并扎紧袋口。在整个贮藏过程中，须保持温度在 0 ~ 1℃。此方法简便易行且效果显著，贮藏期可达 3 个月以上。

4.2.8 蒜薹贮藏保鲜实用技术

4.2.8.1 贮藏特性

蒜薹在采收之后,其呼吸作用异常活跃,由于花茎表面缺乏天然的保护屏障,加之采收季节正值高温期,在这些因素共同作用下,蒜薹极易发生脱水、老化及腐烂现象。尤为显著的是,蒜薹的薹苞在此过程中会膨大并开裂,影响其外观品质。老化的蒜薹不仅颜色变黄,内部组织变得空洞,纤维也显著增多,从而彻底丧失了作为食材的食用价值。

4.2.8.2 贮藏条件

蒜薹展现出了对低温环境的良好适应性,然而,它对空气湿度的要求却相当苛刻。在湿度不足的环境下,蒜薹极易因水分流失而变得干燥且失去原有的鲜嫩口感。此外,蒜薹对低 O_2 与高 CO_2 浓度的环境也展现出了较强的耐受能力,在短期贮藏条件下,甚至能够承受 1% 的 O_2 浓度和高达 13% 的 CO_2 浓度。然而,对于需长期贮藏的蒜薹而言,更为精细的贮藏条件设置显得尤为重要:理想的贮藏温度应维持在 −1 ~ 0℃,相对湿度需严格控制在 90% ~ 95%,同时,调节 O_2 浓度为 2% ~ 4%,CO_2 浓度为 5% ~ 7%。在如此精心调控的贮藏环境下,蒜薹能够保持长达 8 ~ 9 个月的新鲜度与食用品质。

4.2.8.3 贮藏方式

(1)机械冷藏库贮藏。此法适用于短期储存蒜薹。精选蒜薹经充分预冷后,装入筐、板条箱或直接堆码于冷库货架上。调节库温至 0℃左右,湿度维持在 90% ~ 95%,即可进行储存。然而,此方法存储期限较短,一般仅 2 ~ 3 个月,且蒜薹损耗率较高,品质变化明显。

(2)气调贮藏。

①塑料薄膜大帐气调贮藏。蒜薹以小捆形式,薹苞朝外均匀排列于架上预冷,每层厚度控制在 30 ~ 35cm。待蒜薹温度降至 0℃时,使用

厚0.23mm的聚乙烯薄膜搭建密封帐。帐底铺设消石灰,每10kg蒜薹对应约0.5kg消石灰。每帐可容2500～4000kg蒜薹,大帐高出贮藏架约40cm,帐身与底边密封,并设取气孔与循环孔以监控气体成分。利用蒜薹自身呼吸作用调节帐内O_2含量,或采用快速充氮法降低O_2浓度,维持帐内O_2在2%～4%,CO_2则逐步积累,过高时通过气调机脱除。此法可延长储存期至8～9个月,蒜薹品质保持良好,损耗率低,但需注意控制湿度以防霉菌滋生。

②硅窗袋气调贮藏。硅窗袋特指在聚乙烯薄膜上镶嵌一定面积的具有气体交换功能的聚二甲基硅氧烷基橡胶膜包装袋。精选蒜薹解开辫梢,经预冷后装入袋中,每袋约25～30kg,硅窗面积约为121.5cm^2(一般为13.5cm×9cm)。入袋后仔细检查防止漏气,硅窗口朝上放置于低温冷库中。贮藏期间严格控制库温在0～0.5℃,相对湿度90%～95%,并定期检测气体成分。此法可保鲜蒜薹半年以上,无须频繁换气。

第5章

果蔬加工基础知识

　　果蔬加工是通过一系列加工工艺处理新鲜果蔬,旨在实现长期保存、经久不坏和随时取用的目的。在加工过程中,重点在于最大限度地保存果蔬的营养成分,同时改进食用价值,使加工品的色、香、味俱佳,组织形态更趋完美。根据加工工艺,果蔬加工产品主要分为:果蔬罐藏品、果蔬糖制品、果蔬干制品、果蔬速冻产品、果蔬汁、果酒和蔬菜腌制品等。加工流程通常包括预处理(如选别、分级、洗涤、去皮等)、烫煮、冷却、调味、包装等步骤。加工确保了果蔬制品的商品化水平提升,满足了消费者对高品质果蔬产品的需求。

5.1 果蔬加工原理与加工产品分类

果蔬加工过程主要包括原料选择、清洗与杀菌、切割与去籽、脱水、浸泡与腌制、烹调与蒸煮、调味与腌制、包装与贮存、产品检验等多个环节。这些步骤旨在对新鲜的果蔬进行一系列处理工艺,改变其形态和性质,使其更适合储存、运输、销售和食用。果蔬加工产品根据其加工方式和成品形态,可分为干制品、腌糖制品、罐制品、果蔬的速冻制品、果蔬汁、果酒类以及副产品七大类。这些产品通过不同的加工技术,如干燥、腌制、罐装、速冻、榨汁和发酵等,实现了果蔬的多样化利用,为消费者提供了丰富多样的食品选择。

5.1.1 果蔬加工原理

果蔬加工就是通过一系列处理工艺,如选择优质原料、清洗杀菌、切割去籽、脱水腌制等,来改变果蔬的形态和性质,使其在保留营养价值的同时,达到长期保存、提升食用价值并方便储存、运输和销售的目的。这些加工过程旨在最大限度地保存果蔬的营养成分,同时改善其色、香、味及组织形态,以满足人们对食品多样化和便利性的需求。

5.1.1.1 原料选择

在果蔬加工行业中,原料的选择是至关重要的一步。原料的质量直接决定了最终加工产品的口感、营养价值以及消费者的接受度。因此,选择新鲜、成熟、无病虫害的果蔬作为原料,是确保加工产品品质的关键。

在果蔬加工中,首要考虑的是原料的新鲜度。新鲜果蔬不仅含水量高、口感脆嫩,而且营养价值也高。其次,原料的成熟度需根据加工产品的需求来选择,以确保产品的口感和营养价值。此外,无病虫害是另一个重要标准,因为病虫害会影响果蔬的品质和安全性。因此,在采购和储存过程中应严格控制原料的新鲜度、成熟度,并确保其无病虫害,以生产出高品质、安全的果蔬加工产品。

在选择果蔬原料时,还需要考虑原料的产地和品种。不同产地和品种的果蔬在口感、营养价值以及适应性方面可能存在差异。因此,在选择原料时需要根据加工产品的需求和目标市场的要求来选择适合的产地和品种。

5.1.1.2 清洗与杀菌

在果蔬加工的过程中,清洗和杀菌是两个至关重要的环节,它们直接关系到产品的卫生安全和保质期。

清洗能去除果蔬表面的泥土、农药残留和微生物等污染物,通常使用机械或手工方式。在清洗过程中,需控制水温、水流速度和清洗时间,以保持果蔬的新鲜度和营养价值。随后是杀菌环节,常通过高温处理去除微生物,以保障产品的安全和口感。须合理控制加热条件,在杀菌与保持品质间找到平衡。

除了高温处理外,还可以采用添加防腐剂的方法来延长果蔬产品的保质期。防腐剂可以抑制微生物的生长和繁殖,从而达到杀菌的目的。但是,防腐剂的使用需要严格遵守相关的标准和规定,确保不会对人体健康造成危害。

5.1.1.3 切割与去籽

在果蔬加工过程中,根据产品的特性和最终用途,对果蔬进行精确的切割处理是至关重要的一步。这一步骤不仅决定了产品的外观和口感,还影响着其储存、运输和消费者接受度。

在果蔬加工中,首先根据产品要求将果蔬切割成适当形状和大小。其中,精确度和一致性是关键,使用专业工具和设备可确保切割质量。同时,保持果蔬新鲜度和营养价值也很重要,因而要避免长时间暴露在空气中。此外,还需去除硬壳、种子等不可食用部分,确保产品口感和安全性。

对于某些果蔬来说,去除硬壳或种子可能是一个相对简单的步骤,如去除苹果的核或去除菠萝的硬壳。但对于一些更为复杂的果蔬,如石榴或火龙果,可能需要采用特殊的工具或方法来去除不可食用的部分。

5.1.1.4 脱水、浸泡与腌制

脱水是果蔬加工中的一个重要步骤,通过减少果蔬中的水分含量来延长其保质期。无论是通过自然干燥还是人工干燥,脱水的目的都是为了降低果蔬的含水量,使其达到一个较为稳定的状态,从而减缓微生物的生长和化学反应的速率,保持果蔬的品质和口感。

在果蔬加工中,自然干燥是传统的脱水方法,它依赖于良好的通风和适宜的温度,让果蔬在自然环境中逐渐蒸发水分,虽然耗时较长但能保留果蔬的原始风味和营养。然而,这种方法受天气和环境条件影响大,不易控制。

为了提高效率和控制品质,人工干燥成为现代果蔬加工的主流。通过精确控制温度和湿度,人工干燥能在短时间内迅速去除果蔬中的水分,如热风、真空和微波干燥等方法。这些技术不仅能降低果蔬含水量至 15% ~ 25%(果品)和 3% ~ 6%(蔬菜),还能保持其营养和口感,实现长期保存。

除了脱水,浸泡和腌制也是重要的果蔬加工方法。浸泡让果蔬吸收调味品的风味,而腌制通过调味品渗透使果蔬获得更多味道和营养,同时抑制微生物生长,延长保质期。这两种方法都极大地丰富了果蔬产品的口感和品质。

5.1.1.5 烹调与蒸煮

在果蔬加工中,利用沸水或蒸汽对果蔬进行烹调或蒸煮是一个关键的步骤,它不仅能够改变果蔬的组织结构,还能够调整其口感,使产品更加符合消费者的口味偏好。这一步骤通常在果蔬的初步处理之后进行,如清洗、切割和去籽等。

在果蔬加工中,沸水或蒸汽是常用的烹调方式。高温能迅速穿透果蔬细胞壁,释放水分和营养,同时软化细胞结构,使果蔬更易消化。此过程不仅增加产品的口感和风味,还能通过酶类失活来减缓果蔬在储存和

运输中的品质下降。此外,烹调还能去除果蔬中的不良风味,如苦味和涩味,使其更符合消费者口味。

生产商通过调整烹调时间和温度来控制果蔬的口感和质地。较短的烹调时间可保持果蔬的脆度,而较长时间使其更加柔软细腻。不同果蔬种类和产品需求对烹调条件有所不同,因此生产商需根据实际情况灵活调整。

除了改变果蔬的组织结构和口感外,烹调或蒸煮还可以帮助杀死果蔬表面的微生物和寄生虫,提高产品的安全性和卫生性。因此,在果蔬加工中,这一步骤具有非常重要的作用。

5.1.1.6 调味与腌制

在果蔬加工的过程中,增加风味是一个重要的步骤,它能够为产品带来独特且吸引人的口感和味道。将加工过的果蔬浸泡在调味汁或腌料中,是一种常见且有效地增加风味的方法。

准备好果蔬后,可将其放入调味汁或腌料中。这些腌料包含酱油、醋、糖、盐、香料和果汁等,其配比根据果蔬种类和风味需求调整。浸泡时间对果蔬风味有重要影响。时间过短,果蔬无法充分吸收腌料味道;时间过长,则可能使口感过于软烂。因此,生产商需根据产品特性和消费者口味确定最佳浸泡时间。在浸泡过程中,腌料的味道和香气会逐渐渗透至果蔬内部,与其本身风味融合,形成独特口感。这不仅能提升产品整体风味,还能丰富果蔬的口感体验,使其更加多样化和吸引人。此外,浸泡过程有助于果蔬保持其色泽和形状。一些调味汁或腌料中含有天然的抗氧化剂,如柠檬汁或醋,它们可以防止果蔬在加工和储存过程中发生氧化变色。同时,调味汁或腌料的黏性有利于果蔬保持其形状和完整性,使其在后续的处理和包装过程中不易破碎或变形。

5.1.1.7 包装与贮存

包装是果蔬加工流程中至关重要的一个环节,它直接影响到产品的质量和安全性。将加工好的果蔬放入适当的包装容器中,不仅是为了美观和方便携带,更重要的是为了隔绝外界环境对产品的影响,保持其原有的品质和口感。

在果蔬包装的选择上,需考虑材料的防潮、防氧化和防微生物污染性能。罐头提供强密封性,塑料袋轻便易封,玻璃瓶透明且隔绝性好。在包装过程中需妥善排列和固定产品,避免破损变形。对于易碎或易氧化的果蔬,应采用真空或充氮包装延长保质期。

贮存环节同样关键。低温环境能减缓果蔬新陈代谢,延长保鲜期,并抑制微生物生长,确保产品安全。贮存期间需保持温度和湿度的稳定,避免波动对产品造成不良影响。

5.1.1.8 产品检验

对加工好的果蔬成品进行质量检测,是确保产品符合消费者期望和食品安全标准的必要环节。这一流程涉及多个方面的检测,以确保产品整体质量上乘。

外观检测是果蔬加工产品质量评价的第一步,确保产品颜色鲜亮、形状标准、无瑕疵。对罐头和瓶装产品,还需检查包装完整性和标签清晰度。口感检测是重要环节,通过品尝评估产品的鲜美度、风味和香气,对特殊口感产品还需评估其硬度和韧性。营养成分检测是核心,检测人员运用专业设备分析水分、糖度、酸度、维生素和矿物质等指标,确保产品营养价值和标签准确性。此外,还包括微生物、农药残留和重金属等安全检测,保障产品安全卫生。最后,根据检测结果和相关标准,评估产品是否合格。合格产品方可出厂销售,不合格产品须进一步处理或重新加工。产品检验确保消费者能够购买到安全、健康、美味的果蔬加工产品。

5.1.2 果蔬加工品分类

根据加工原料、加工工艺、制品风味的不同特点,可将果蔬加工品分为以下几类。

5.1.2.1 罐制品

罐制品,作为果蔬加工的一种主要产品,其制作过程融合了现代食品科技与传统工艺。首先,选取新鲜、成熟、品质上乘的果蔬原料,这是确保罐制品口感和营养价值的基础。这些原料经过精心挑选后,会进行一系列的预处理步骤,如清洗、去皮、去籽、切片等,以去除不需要的部分,同时保留果蔬的精华。

预处理后,果蔬原料进入装罐环节,此过程需严格无菌操作,确保罐头密封性能优良。装罐时,每道工序都要精准控制,以保证罐头内果蔬的量、紧实度和均匀性。

随后是排气步骤,去除罐内的空气,防止果蔬氧化,保持产品的色泽和口感。紧接着,罐头被迅速密封,隔绝外界空气和微生物。

杀菌是确保罐头长期储存不变质的关键。通过高温或其他物理方法杀灭罐头内的微生物,同时精确控制温度、时间和压力等参数,避免破坏果蔬的营养和口感。

杀菌完成后,罐头须快速冷却至室温,以保持果蔬的色泽和口感,并防止变形或破裂。

5.1.2.2 果蔬汁

果蔬汁,作为一种健康、营养丰富的饮品,其制作过程融合了现代食品工艺与传统智慧。果汁源于新鲜、优质的果蔬原料,经过精心挑选和处理后,通过压榨或提取的方式得到原汁。这一过程确保了果蔬汁中的营养成分和风味得到最大限度的保留。

在得到原汁后,会经历调制、密封和杀菌三个关键步骤。调制是为了满足消费者对口感和风味的期望,可以添加天然调味品或补充剂。密封则确保储存和运输过程中不受外界污染,同时防止营养成分流失。杀菌是保障果蔬汁品质和消费者安全的重要步骤,通过物理或化学方法杀灭微生物,延长保质期。

果蔬汁制品与人工配制饮料在成分和营养上存在显著区别。果蔬汁完全由新鲜果蔬压榨或提取,不含人工色素、香精或防腐剂,保留了丰富的天然营养成分,如维生素、矿物质和膳食纤维,对维持人体健康至关重要。人工配制饮料可能含有较多糖分、添加剂和人工色素,营养价值较低。

5.1.2.3 糖制品

糖制品主要是利用糖的高渗透压特性来保存果蔬原料。在制作过程中,果蔬原料经精心挑选和处理后,与适量的糖一起煮浸。长时间煮制使糖分渗透到果蔬内部,形成高糖环境,有效抑制微生物生长,延长保质期。同时,糖的加入还能改善口感和风味。

糖制品的原料选择广泛,涵盖了各种果蔬,包括常见的苹果、葡萄和草莓,以及较为特殊的柚子、菠萝蜜等。残次落果和加工下脚料也能变废为宝,制成美味糖制品。这种多样化的原料选择不仅丰富了糖制品的口感和风味,还减少了资源浪费。

除了基本的糖煮浸过程外,糖制品制作还可添加香料或辅料,如柠檬片、薄荷和姜蒜等,为糖制品增添独特风味,使糖制品在口感和风味上更加丰富多样,满足了消费者的不同需求。

糖制品具有良好的保藏性和贮运性,能在常温下长时间保存而不易变质。这一特性使糖制品成为方便携带、易于储存的食品,深受消费者喜爱。在食品行业中,糖制品也因其独特的口感和风味占据着重要地位。

5.1.2.4 干制品

果蔬干制品主要是通过人工或自然干燥的方法,将新鲜的果蔬原料中的水分逐渐脱出,从而使果蔬中的可溶性物质如糖分、矿物质、维生素等浓度相对提高,达到一个微生物难以利用的程度。同时,在整个干制过程中,需要确保果蔬始终保持低水分状态,以防止微生物的滋生和食品的腐烂。

果蔬干制品特点显著。首先,体积小、质量轻,便于携带和运输,适合长途旅行和户外探险。其次,保存期限长,能在常温下长时间保存而不易变质,适合囤积食物。此外,现代干制技术如真空干燥、低温干燥等,能保留果蔬中的营养成分和原始风味,使干制品营养更接近鲜品。因此,果蔬干制品不仅方便实用,而且营养丰富,口感多样,深受消费者喜爱。

5.1.2.5 腌制品

腌制不仅丰富了蔬菜的口感,还是一种有效的贮藏手段。在腌制过程中,有益微生物产生的乳酸、醋酸等有机酸不仅赋予了蔬菜独特的风味,还抑制了有害微生物的生长,延长保质期。其原理在于利用盐溶液的高渗透压,使蔬菜细胞失水,形成低水势环境,从而抑制有害微生物的生命活动。这种技艺不仅成本低廉,而且使蔬菜在口感和保存上都有所提升,深受人们喜爱。

此外,盐还具有杀菌作用,能够破坏有害微生物的细胞膜,使其失去活性。同时,盐还能与蔬菜中的蛋白质、酶等物质发生作用,形成一层保护膜,防止微生物的入侵。这些机制共同作用,使蔬菜腌制品能够在较长的时间内保持新鲜、可口,成为人们餐桌上的美味佳肴。

5.1.2.6 果酒类

果酒是以各类果品为主要原料,通过酒精发酵或利用果汁精心调配而成。果酒的种类繁多,按照制作工艺的不同,大致可分为蒸馏酒、发酵酒和配制酒三种。每一种都有其独特的口感和风味,满足了不同消费者的需求。

果酒制作的核心在于控制发酵条件,确保有益微生物如酵母菌的生长和酒精发酵的顺利进行。在发酵过程中,酵母菌将糖分转化为酒精和CO_2,同时产生丰富的风味物质。通过调控温度、湿度和pH等条件,为有益微生物创造优越环境,抑制有害微生物生长,防止果酒变质。

果酒不仅风味独特,还富含营养,如维生素、矿物质和抗氧化物质,具有促进消化、增强免疫力等功效。适量饮用,既满足味蕾,又滋养身心。

5.1.2.7 速冻制品

对新鲜果蔬进行精心预处理,包括清洗、去皮、去籽、切片等步骤,旨在去除不可食用部分,确保果蔬的纯净与卫生。

预处理后的果蔬会被放入专业的冻结器中,这是速冻技术的核心所在。在 −40 ~ −25℃的低温环境下,果蔬内的水分会在极短的时间内迅速形成细小的冰晶体。在这一过程中,强大的空气循环确保了冻结的均匀性和高效性,使果蔬能够在极短的时间内达到所需的冻结状态。

速冻制品的优越性在于其能够最大限度地保存果蔬的营养和质量。由于冻结速度快,果蔬细胞内的水分被迅速冻结,从而防止了细胞内酶的活性,减缓了果蔬的氧化和变质过程。因此,速冻制品在口感、色泽、风味等方面都可以与新鲜果蔬相媲美,甚至在某些方面更胜一筹。

在完成速冻后,这些制品需要被存放在 −18℃的低温库中,以长时间保持保鲜效果。低温环境能够进一步抑制微生物的生长和酶的活性,确保果蔬在长时间内保持原有的品质和口感。

5.1.2.8 副产品

在果蔬加工行业中,原料的利用率一直是一个重要的考量因素。除了主要的果蔬产品外,果蔬的下脚料,如残果、落果、果皮、种仁等,往往被视为废弃物,但实际上它们同样蕴藏着丰富的营养价值和经济价值。如今,随着科技的发展和人们环保意识的提高,这些曾经被忽视的下脚料已经逐渐成了宝贵的资源。

果蔬下脚料经加工可提取高附加值副产物,如果胶、芳香物质和有机酸等。果胶用于食品、医药、化妆品等领域,芳香物质能够增强食品感官品质,有机酸能够防腐抗菌。这些副产物提高了果蔬原料利用率,为企业带来经济效益。如今,果蔬加工企业重视下脚料综合利用,探索新技术和产品,提升市场竞争力,为行业可持续发展注入新活力。

5.2　果蔬加工对原料的选择及处理

5.2.1 果蔬加工对原料的选择

在果蔬加工中,原料质量是确保最终产品品质和口感的关键。不同制品对原料的选择和要求见表 5-1。

表 5-1　不同制品对原料的选择和要求

加工制品种类	加工原料特性	果蔬原料种类
干制品	干物质含量较高、水分含量较低、可食部分多、粗纤维少,风味及色泽好的种类和品种	枣、柿子、山楂、龙眼、杏、胡萝卜、马铃薯、辣椒、南瓜、洋葱、姜及大部分食用菌等

续表 5-1

加工制品种类	加工原料特性	果蔬原料种类
罐制品 糖制品 速冻制品	肉厚、可食部分多、成熟度适宜、耐煮性好、质地紧密、糖酸比适当、色香味好的种类和品种	一般大多数的果蔬均可进行此类加工制品的加工
果酱类	含有丰富的果胶物质、较高的有机酸含量、风味浓、香气足的果蔬或加工品的下脚料	水果中的山楂、杏、草莓、苹果等,蔬菜类的番茄等
果蔬汁 果酒类	汁液丰富、取汁容易、可溶性固形物含量高、酸度适宜、风味芳香独特、色泽良好及果胶含量少的种类和品种	葡萄、柑橘、苹果、梨、菠萝、番茄、黄瓜、芹菜、大蒜、胡萝卜及山楂等
腌制品	以水分含量低、干物质较多、肉质厚、风味独特、粗纤维少为好	对原料的要求不太严格,优良的腌制原料有芥菜类、根菜类、白菜类、榨菜、黄瓜、茄子、蒜、姜等

在果蔬加工过程中,原料的选择是至关重要的第一步。为了确保最终产品的品质,必须从多个方面对原料进行精挑细选。

在果蔬加工中,原料选择至关重要。例如,梨脯宜选洋梨系统品种,蜜枣则以南方枣子更佳。同一品种在不同产地也会影响产品质量。对于不同加工品,原料的成熟度是关键。果汁和果酒需汁多、甜酸适度的果实,如葡萄、草莓;果酱和果冻则偏好果胶多、有机酸丰富的果实,如山楂、桃。

新鲜完整的原料不仅营养更丰富,还能避免加工过程中的污染。在加工果脯和蜜饯时,果实成熟度应控制在 75% ~ 85%,即坚熟期,以保证肉质丰富、色泽鲜明。干制果品则要求原料充分成熟,确保干制后形态饱满、颜色美观、风味上佳。

对于果菜类罐藏产品,一般要求坚熟期采收,此时果实已充分发育,有适当的风味和色泽,肉质紧密而不软,杀菌后不变形。但叶菜类与大部分果实不同,一般要求在生长期采收,此时粗纤维较少,品质好。例如,苹果罐头最好选用新鲜、七八分成熟的苹果,既保证了口感的脆爽,又保留了足够的营养成分。

5.2.2 果蔬加工对原料的处理

5.2.2.1 原料成熟度、新鲜度与加工

原料越新鲜,加工的品质越好,损耗率也越低。

(1)在果蔬加工领域,确保原料从采收到加工的时间尽量短是至关重要的。果蔬采摘后新鲜度和营养逐渐降低,需快速加工以保持品质。然而,受地理、天气和运输条件限制,有时存在时间间隔。为此,需采取保藏措施:短时间储存应选透气保湿包装,控制适宜温湿度;长途运输需使用冷藏车辆或集装箱,缩短时间,减少损耗,提前预处理以提高抗腐能力。加工企业应与种植基地紧密合作,提前了解种植和采摘信息,制订合理采购和加工计划。通过这些措施,可确保果蔬在加工前保持较佳品质,进而加工出高品质产品。

(2)在果蔬加工领域,不同种类的食材对采后加工时间的要求各不相同。食材的采后加工时间直接影响加工品品质。蘑菇、芦笋需立即加工以保持新鲜;青刀豆、蒜薹在 1 ~ 2d 内加工为佳;大蒜、生姜在 3 ~ 5d 内加工较理想;甜玉米在采后 30h 内需加工,以防老化影响口感和营养。因此,根据不同食材特性,制订合理的加工计划,并在规定时间内加工处理,是确保加工品品质和口感的关键。

(3)在水果加工领域,时间管理至关重要,因为不同种类的水果在采摘后的保鲜期各异,这对加工品的品质有着直接的影响。水果加工时间需严格控制以保持最佳口感和营养。桃子应在采摘后 24h 内加工,葡萄、杏、草莓和樱桃等娇嫩水果最好在 12h 内处理。柑橘、梨和苹果等虽保鲜期较长,但在采摘后 3 ~ 7d 内加工为佳。快速加工能防止水果变质,保持原有口感和营养。因此,合理制订加工计划,及时加工水果,是确保加工品品质和口感的关键。

5.2.2.2 原料的分级

在果蔬加工行业中,原料分级是一个至关重要的步骤,它确保原料能够满足不同加工品的具体要求。分级主要是根据加工需求,将原料按

照大小、形状、颜色、重量、成熟度等特性进行细致划分,以保持产品的一致性和品质。这一步骤在需要保持果蔬原形态的罐制品中尤为重要,因为一致性的原料能够确保罐装产品的美观度和口感。

分级的方法主要分为人工分级和机械分级两种。人工分级虽然灵活,但受限于人力和效率,通常只适用于小批量或特殊要求的原料。机械分级凭借其高效、准确的特点,成为大规模加工的首选。

在机械分级中,常用的分级机有多种类型,每种都有其独特的优势和适用场景。例如,振动分级机通过振动筛网,根据原料的尺寸差异进行分级;条带分级机利用不同间距的条带,将原料按大小分开;转筒分级机是将原料放入旋转的筒内,利用离心力使原料按重量或大小分布;重量分级机通过精确的称重系统,将原料按照重量进行精确分级。

机械分级的应用不仅提高了加工效率,还保证了分级结果的准确性和一致性,使果蔬加工品在品质上有了更高的保障。同时,随着技术的进步和设备的升级,机械分级的效率和精度也在不断提高,为果蔬加工行业的发展提供了有力支持。

5.2.2.3 原料的洗涤

在果蔬加工中,洗涤是确保产品清洁度和卫生安全的关键预处理步骤。通过洗涤,能有效去除果蔬表面的泥土、灰尘、微生物及农药残留。在选择洗涤用水时,除特定情况外,建议使用软水以避免影响产品口感和品质。

水温选择应根据果蔬特性,常温水适用于多数情况,而热水可能损伤柔软多汁的原料。为提高洗涤效率,可提前用水浸泡软化果蔬,并使用化学消毒剂处理难以去除的污物,但需严格控制浓度和浸泡时间。

在洗涤方法上,手工清洗适用于小批量,而机械清洗更高效,适用于大规模加工。常见的机械清洗设备包括浆果洗涤机、转筒洗涤机等,可根据果蔬种类和加工要求选择。

5.2.2.4 去皮

去皮是果蔬加工的重要环节,关乎产品质量和消费者体验。去皮应确保干净,避免过度去除果肉,并注意去除不良部位。去皮方法多样,需根据果蔬种类和加工需求选择。薄皮果蔬可手工或机械去皮,厚皮果蔬则适合使用专用去皮设备。在选择去皮方法时,应考虑设备性能和使用效果,同时注重设备的维护和保养,以确保去皮效果的稳定性和一致性。

(1)手工去皮。作为传统加工方式,手工去皮虽能彻底去皮,但存在局限性。首先,耗费大量劳动力,增加工人劳动强度,影响工作效率和成本。其次,手工去皮效率较低,无法满足大规模生产需求,且易受人为因素影响。然而,手工去皮也有其独特优势。它能灵活处理形状不规则、大小不一的果蔬,确保去皮彻底和均匀。在小型加工场所或对品质有高要求的场合,手工去皮仍是可靠选择。

因此,在选择去皮方式时,需综合考虑生产需求和条件。在追求高效、高产的同时,也要关注工人劳动强度和加工品质。可探索手工与机械去皮相结合的方式,以平衡效率与品质。这样既能提高加工效率,又能确保产品质量和工人健康。

(2)机械去皮。在果蔬加工中,机械去皮机是提升效率和保证品质的关键。摩擦去皮机适用于皮薄且质地硬的果蔬,通过高速旋转的摩擦轮剥离表皮。旋皮机适用于各种形状和大小的果蔬,通过旋转轴杆和弯月形刀削去表皮。这些设备需配合适当的果蔬品种和预处理步骤,确保去皮效果稳定。此外,特定果蔬如菠萝的去皮通心机,能一次性去皮去心,极大地提高生产效率。这些去皮设备不仅提高了加工效率,还降低了人力成本,是果蔬加工行业不可或缺的重要工具。在选择去皮设备时,须根据果蔬种类和加工需求综合考虑,以实现最佳的去皮效果和加工效益。

(3)化学去皮。化学去皮技术在果蔬加工中应用广泛,利用碱性溶液破坏果胶层实现去皮。操作需精确控制碱液浓度、温度和处理时间,否则易导致果皮过度软烂或去皮效果不佳。果蔬原料需浸泡在特定条件下,处理后用清水冲洗去除残留。为进一步中和碱性物质,可浸泡在稀盐酸或柠檬酸溶液中。为确保准确性,每种原料的最佳条件需通过实验确定。这些实验不仅提供最佳去皮条件,还为未来生产提供宝贵经验。因此,掌握化学去皮技术及相关知识对果蔬加工行业人员至关重要。几种果蔬碱液去皮的条件见表5-2。

表 5-2　几种果蔬碱液去皮的条件

种类	氢氧化钠浓度 /%	液温 /℃	时间 /s
桃	2.6 ~ 6.0	>90	30 ~ 60
李	2.6 ~ 8.0	>90	60 ~ 120
杏	2.6 ~ 6.0	>90	30 ~ 60
胡萝卜	4	>90	65 ~ 120
马铃薯	10 ~ 11	>90	120 左右

（4）热力去皮。热力去皮是果蔬加工中常用的技术，通过沸水、蒸汽或热空气短时间高温处理去除表皮。原理是高温使表皮膨胀、水解，失去凝胶能力，易于剥离。在实际操作中，加热时间因果蔬种类、品种和成熟度而异。蒸汽去皮适用于各种果蔬，尤其是表皮较厚者，能迅速软化外皮，实现表皮与果肉分离。热水去皮适用于少量果蔬，可通过锅内加热或连续传送装置进行。后者能提高生产效率，确保去皮效果一致。热源和加热时间的精确控制对保证去皮效果至关重要，适用于不同加工需求的果蔬原料。

（5）酶法去皮。柑橘的囊瓣虽营养丰富且口感独特，但在加工过程中囊衣影响口感和外观。酶法去皮技术因条件适宜、产品质量好而受到关注。其中，果胶酯酶是关键酶，能作用于囊衣中的果胶，使其水解分离囊衣与囊瓣。在实际操作中，将橘瓣放入 1.5% 的 703 果胶酶溶液，控制温度在 34 ~ 45℃、pH 值在 1.5 ~ 2.0，处理 3 ~ 5min，即可高效去除囊衣。然而，具体处理时间需根据柑橘品种和成熟度调整。酶法去皮技术不仅提高了柑橘加工效率，还保证了产品的品质，满足了消费者对美味和健康的需求。

（6）冷冻去皮。冷冻去皮技术广泛应用于果蔬加工，特别适用于表皮柔软的果蔬。它利用极低温使外皮迅速冻结并与冷冻装置紧密黏附，移除时因收缩效应而自然剥离。温度通常控制在 -28 ~ -3℃，确保外皮充分冻结而果肉不受影响。该技术去皮损失率低，可以保持果蔬色泽、口感和营养价值，且抑制微生物繁殖，延长保质期。然而，它需要使用专业设备和制冷系统，投资和维护成本高，能耗大，对操作技术要求高。尽管如此，冷冻去皮技术仍是高效、环保的去皮方法，随着技术进步和成本降低，其在果蔬加工领域的应用前景广阔。

（7）真空去皮。真空去皮法特别适用于成熟的果蔬，如桃、番茄等。

这种方法结合了加热和真空处理的双重效果,以高效且无损的方式去除果蔬的外皮。

成熟的果蔬通过适当的加热处理,果蔬的内部温度逐渐升高,果肉与果皮之间的连接部分变得较为脆弱,易于分离。这一步骤不仅为后续的真空处理打下了基础,还确保了去皮过程中果肉的完整性。

经过加热处理的果蔬被送入具有一定真空度的真空室内。在真空环境下,果蔬表皮下的液体迅速"沸腾",这是由于压力降低导致液体沸点降低的物理现象。这种迅速的"沸腾"作用使果皮与果肉之间的连接更加脆弱,从而实现皮与肉的分离。

在真空处理过程中,需要注意真空度的控制。过高的真空度可能会导致果肉受到过度的挤压而变形,影响产品质量;过低的真空度则可能无法达到理想的去皮效果。因此,操作人员需要根据果蔬的种类、成熟度和加工要求等因素,精心调整真空度。

当真空处理完成后,需要破除真空状态,使果蔬重新暴露在大气环境中。此时,由于果皮与果肉已经分离,只需进行简单的冲洗或搅动操作,即可轻松去除果蔬的外皮。这种去皮方式不仅高效,而且能够保持果蔬的形状,确保产品的质量和口感。

(8)表面活性剂去皮。当涉及柑橘去囊衣时,采用表面活性剂法去皮能够显著提高去皮的效率和质量。这种方法采用了特定的混合液,包括 0.5% 的蔗糖脂肪酸酯、0.4% 的三聚磷酸钠和 0.4% 的氢氧化钠,在 50 ~ 55℃ 的温度下对柑橘瓣进行处理,仅需 2s。

蔗糖脂肪酸酯和三聚磷酸钠等辅助剂与氢氧化钠结合,在柑橘去囊衣中效果显著。这种方法通过降低表面张力、调节 pH 值和离子强度,以及促进果胶分解,实现皮与肉的快速分离。与传统方法相比,这种方法能减少果肉损伤、提高效率且环保。

对于不同种类的果蔬,应选择合适的去皮方法,如热力去皮或真空去皮。各种方法可相互结合,如预处理与碱液去皮结合,以提高效率和减少损伤。在果蔬加工中,选择和应用合适的去皮技术至关重要,应不断探索创新以满足需求。

5.2.2.5 原料的切分、去核(心)、修整

在果蔬加工领域,特别是当面对体积较大的果蔬原料时,保持其形

状和完整性显得尤为重要。不论是在罐藏、干制、加工果脯、蜜饯还是蔬菜腌制的过程中,适当的切分都是不可或缺的步骤。

切分的形状并非随意,而是需要根据产品的具体标准和性质来确定。根据加工需求,果蔬可以被切分成块、条、丝、片、丁等多种形状。这种精细的切分不仅有助于后续加工的顺利进行,还能提升产品的外观和口感。

对于核果类果蔬,如桃子、杏子等,在加工前需要进行去核处理,以确保食用安全并提升产品的整体品质。对于仁果类,如苹果、梨等,去皮是必不可少的步骤,因为果皮会影响产品的口感和外观。

在加工蜜饯时,如枣、金橘、梅等,为了使其更好地吸收糖分和调味料,通常需要进行划缝或刺孔处理,有助于加速糖分的渗透和均匀分布,从而提升蜜饯的甜度和口感。

罐藏加工时,对果块的修整至关重要。在装罐前,需要仔细去除果蔬上未去净的皮、残留于芽眼或梗洼中的皮,以及部分黑色斑点和其他病变组织,确保罐装产品的外观整洁、无瑕疵,提升消费者的购买欲望。

在小规模生产或设备条件有限的情况下,上述工序通常依靠手工完成。为了提高工作效率和准确性,常借助于专用的工具,如山楂、枣的通核器、匙形的去核器以及金橘、梅的刺孔器等。这些工具能够大大减轻工人的劳动强度,提高产品的加工质量。

然而,在规模化生产中,为了提高生产效率和降低人力成本,通常会采用多种专用机械来完成这些工序。例如,劈桃机能够快速去除桃子的核,多功能切片机能够根据需求将果蔬切成各种形状,而专用的切片机能够确保切分的精度和一致性。这些机械的应用不仅提高了生产效率,还使产品加工更加标准化和规范化。

5.2.2.6 原料的破碎与提汁

在果蔬汁及果酒生产中,制汁是关键环节。多数果蔬采用压榨法提取果汁,但山楂等果肉硬、纤维多的果实适用加水浸提法。该法通过浸泡使果汁中的可溶性物质溶解,再过滤分离提取果汁,能更充分提取果蔬营养成分和风味物质。此外,破碎工序也至关重要,能破碎果蔬成小颗粒或碎片,增加果汁产量,使营养成分和风味物质更易释放和提取,对提高制汁效率和质量具有重要意义。

（1）破碎和打浆。榨汁前的破碎步骤在果蔬汁生产中至关重要,目的是提高出汁率。破碎使果实分解成小颗粒,有利于果汁释放和压榨。但破碎粒度需控制,过度破碎会降低出汁率,增加混浊物。不同原料和榨汁方法对破碎粒度有不同要求,一般控制在 3～9mm。打浆机是常用破碎设备,但须避免果皮和种子破碎以保持品质。此外,加入抗氧化剂如维生素 C 可改善果蔬汁色泽和营养价值,防止加工和储存过程中的氧化反应。因此,在果蔬汁生产中,控制破碎粒度和采用适当破碎方法,以及加入抗氧化剂,都是确保产品质量和口感的关键步骤。

（2）提汁前预处理。果蔬破碎后,细胞内的酶释放并活跃,表面积扩大使果浆易与氧气接触,促进氧化反应。同时,破碎的果浆为微生物提供了丰富营养,易导致腐败。为确保果蔬汁质量和提高出汁率,需及时处理果浆。常用处理方法包括热处理和酶法处理。热处理通过加热至 60～70℃并持续一段时间,可钝化酶和抑制微生物生长。酶法处理使用果胶酶分解果胶,增加果浆流动性,提高出汁率。处理时需注意加热均匀、酶添加量及作用条件,以保持果蔬汁的口感、营养价值和稳定性。这两种方法都能有效防止果浆变质,确保果蔬汁的安全和品质。

（3）榨汁和浸提。在果蔬汁生产中,压榨法虽主导,但出汁率受果实种类、质地、成熟度及榨汁方法和设备影响。为提高出汁率,常用榨汁助剂如稻糠、硅藻土等。浸提工艺对难榨果汁原料有效,但传统方法存在温度高、时间长、质量差的问题。国外广泛采用低温浸提技术,温度控制在 40～60℃,时间约 60min,可保持果汁品质,减少营养损失,降低氧化程度,易于澄清处理。低温浸提技术具有显著优势,是可行且有前途的加工工艺,值得在果蔬汁生产领域进一步推广和应用。

5.2.2.7 烫漂

烫漂是在适当的温度和时间条件下热烫新鲜果蔬的处理方法。

（1）烫漂的目的。烫漂是果蔬加工中一项重要的预处理步骤,其目的多样且关键。

①抑制或破坏氧化酶系统,防止原料变色。果蔬在采摘后,其内部的氧化酶系统仍然活跃,这会导致果蔬在加工和储存过程中发生酶促褐变,使原料色泽变暗,影响产品的外观品质。烫漂可以通过高温处理迅速降低酶的活性,甚至使其完全失活,从而有效防止原料变色,保持果

蔬的鲜艳色泽。

②改变组织透性，软化组织，便于操作。烫漂可以软化果蔬的细胞壁和细胞膜，使组织变得更加柔软，有利于后续的加工操作，如榨汁、切片、包装等。此外，改变组织的透性也有助于后续加工中风味物质和营养物质的释放和提取。

③排除原料组织内的气体，稳定和改进产品色泽，使其更加鲜艳、透亮。果蔬原料在采摘后可能会残留一些气体，如 O_2、CO_2 等，这些气体可能会影响产品的色泽和口感。通过烫漂，可以有效地排除原料组织内的气体，使产品色泽更加鲜艳、透亮，口感更加细腻。

④去除原料中的苦味、涩味、辛辣味等不良气味。一些果蔬原料可能带有苦味、涩味或辛辣味等不良气味，这些气味可能会影响产品的整体风味。烫漂可以通过高温处理使这些不良气味物质挥发或分解，从而改善产品的风味品质。

⑤杀死附着于原料和产品表面的微生物与虫卵。果蔬原料在生长和采摘过程中可能会受到微生物和虫卵的污染。这些微生物和虫卵可能会在产品加工和储存过程中繁殖，导致产品变质。烫漂可以通过高温处理有效地杀死这些微生物和虫卵，保证产品的卫生安全。同时，这也为后续的加工和储存提供了更好的条件。

（2）烫漂的方法。烫漂是果蔬加工中常见的一道预处理工序，通常分为热水烫漂和蒸汽烫漂两种。

热水烫漂是将果蔬原料直接放入预先加热到适宜温度的热水中，通过浸泡一定时间后捞出。这种方法能够让原料与热水充分接触，从而达到更好的烫漂效果。热水烫漂可以迅速提高原料的温度，有效抑制或破坏原料中的氧化酶系统，防止果蔬在加工过程中变色。同时，它还能改变果蔬的组织结构，使其软化，便于后续的加工操作。此外，热水烫漂还能排除原料组织内的气体，稳定和改进产品色泽，使其更加鲜艳、透亮。

蒸汽烫漂是利用蒸汽对果蔬原料进行加热。原料通过循环输送带送入蒸汽烫漂机内，在蒸汽的作用下停留一定时间，达到烫漂的目的。蒸汽加热方式中原料与热接触不如热水烫漂充分，但蒸汽烫漂能够更均匀地加热原料，减少局部过热的现象。蒸汽烫漂同样可以抑制酶活性和软化组织，但其效果可能略逊于热水烫漂。

需要注意的是，烫漂过程中会使果蔬中的维生素 C 等营养成分损失较大。因此，在烫漂时要根据果蔬的种类、块形、大小和工艺要求等条件来合理控制烫漂的程度和时间。一般来说,烫漂时间不宜过长,以避免营养成分的过度损失。同时,为了保持果蔬的口感和色泽,烫漂后的果蔬要及时浸入冷水中迅速冷却,防止过度受热导致组织变软。

5.2.2.8 工序间的护色

果蔬在去皮和切分后,一旦与空气接触,颜色会迅速变深,呈现褐色,这种颜色变化不仅影响产品的外观,还可能导致风味和营养品质的下降。这种现象通常被称为"酶促褐变",或称为"褐变现象"。

（1）褐变的类型。褐变的类型主要包括酶促褐变、非酶褐变、色素物质变色和金属变色等。

①酶促褐变。在果蔬加工中,颜色变化是常见问题,源于酚类物质与 O_2 的酶促褐变反应。当果蔬去皮切分后,其中的酚类物质在酶催化下迅速与 O_2 反应,形成醌类物质,进而转化为不稳定的羟醌。羟醌会聚合成黑色素,使果蔬制品颜色变深,影响外观和口感。此外,酚类物质的氧化和聚合还可能降低其原本的生物活性,如抗氧化和抗炎作用。因此,控制酶促褐变现象对于保持果蔬制品品质至关重要。生产商需采取有效措施,如使用抗氧化剂或控制加工条件来减缓或阻止这一反应过程,确保果蔬制品的色泽、口感和营养价值。

②非酶褐变。非酶褐变是果蔬及其制品在没有酶参与下的颜色变化,主要包括美拉德反应、焦糖化反应和抗坏血酸褐变。美拉德反应发生在羰基与氨基化合物之间,加热条件下反应加速,赋予食品独特风味。焦糖化反应发生在糖类物质高温加热时,使食品颜色加深并产生焦糖香味。抗坏血酸褐变反应在酸性条件下发生,影响食品营养价值但也可增添风味。了解这些非酶褐变食品加工和储存至关重要,控制加工条件如温度、pH值和添加剂等可减少其发生,保持食品色泽和营养。同时,合理利用这些反应也可为食品增添独特风味和口感。

③色素物质变色。在食品加工和储存中,叶绿素的稳定性受到酸性条件的挑战。叶绿素是植物细胞中的绿色色素,对保持果蔬鲜绿色至关重要。但在酸性环境下,如含醋酸、柠檬酸等食品中,叶绿素会发生"脱镁"反应,镁离子被氢离子替换,形成脱镁叶绿素,颜色变浅,导致果蔬失去鲜绿色。脱镁叶绿素还可能影响营养价值,如降低抗氧化和抗炎作用。因此,在加工和储存过程中,控制酸度、添加抗氧化剂等措施能有效

延缓叶绿素的脱镁反应,保持果蔬的鲜绿色和营养价值,对于提高食品品质和消费者接受度具有重要意义。

④金属变色。该现象源于金属离子如铁、铜等与环境中的物质发生化学反应。铁离子与 O_2 反应形成红色氧化铁,即铁锈;铜离子在水溶液中呈现蓝色,与其他物质反应可能产生不同颜色化合物。金属变色不仅影响外观,还可能影响性能和用途。为防止金属变色,需采取适当措施,如控制环境湿度、添加抗氧化剂、使用涂层或包装等,以减少金属与 O_2、水等物质的接触,延缓变色过程。这些措施有助于保持金属的美观度和性能,延长其使用寿命。

(2)护色的方法。

①食盐护色。在果蔬加工中,去皮或切分后易因酶活性和氧化反应导致褐变,影响产品外观和市场价值。食盐溶液护色处理是常用方法。食盐溶液通过渗透作用改变果蔬细胞液浓度,减少水分流失,降低酶活性,减缓褐变速度。同时,食盐具有抑菌作用,可以保护果蔬新鲜度和色泽。护色时,食盐溶液浓度是关键,需根据果蔬特性调整。适当浓度的食盐溶液能有效抑制酶活性和微生物生长,保持果蔬色泽和口感,提高市场价值。

②烫漂护色。烫漂是果蔬加工中的关键预处理步骤,对保持品质和延长货架期至关重要。它首先通过高温迅速抑制果蔬中的活性酶,防止由酶引起的褐变反应,保持产品色泽和风味。其次,烫漂稳定可以改进果蔬的色泽,破坏细胞膜使色素更易溶出,增强产品色泽。最后,烫漂软化果蔬组织,便于后续加工,如切片、榨汁,并排除组织中的空气,减少氧化作用,进一步保护产品色泽和品质。

③酸溶液护色。在果蔬加工和保鲜中,酸溶液的应用至关重要。它能降低 pH 值,抑制多酚氧化酶活性,防止褐变,保持果蔬色泽和风味。同时,酸溶液减少 O_2 溶解度,发挥抗氧化作用,延长保鲜期。常用的有机酸包括柠檬酸、苹果酸和抗坏血酸。柠檬酸因其酸味适中、易溶性和低成本而广泛应用,浓度通常控制在 0.5% ~ 1%。苹果酸成本较高,在特定场合下使用。抗坏血酸不仅抗氧化,还是必需营养素,但成本高,常用于名贵果品或速冻场合。

④硫处理护色。二氧化硫或亚硫酸在果蔬加工中至关重要,尤其在原料预处理阶段。它们能有效防止褐变,保持果蔬的鲜艳色泽,通过抑制多酚氧化酶的活性实现。此外,这种处理还具备出色的保藏效果,通

过抗菌和防腐作用延长半成品保质期。同时,二氧化硫或亚硫酸还具备漂白作用,去除色素和杂质,提升产品纯净度。然而,过量使用可能对人体健康构成风险。因此,在应用中需严格控制用量,遵循食品安全标准。消费者在购买时也应关注产品的成分表和食品安全信息,确保食品安全健康。

⑤抽空护色。在果蔬加工中,苹果、番茄等疏松多气的果蔬在罐藏处理时易氧化变色,影响品质。为此,常采用"抽空"处理方法。该方法通过真空技术去除果蔬内部空气,减少氧化变色风险。抽空装置包括真空泵、气液分离器和抽空罐等关键部件,能创造并维持真空环境,分离果蔬释放的空气,确保介质不受污染。这种处理能有效提高果蔬产品的品质和保质期,尤其在罐藏等长时间储存的果蔬产品加工中更为重要。抽空技术的应用为果蔬加工提供了有效的解决方案,具有广阔的应用前景。

5.2.2.9 半成品贮藏

果蔬加工行业面临原料季节性强的挑战。为满足全年生产需求,生产者会短期贮藏原料,加工成半成品保存。行业内有多种保藏方法,如盐腌、硫处理、化学防腐、冷冻和干制等。这些方法根据果蔬种类、加工需求和贮藏条件灵活选择,确保原料和半成品的质量,为后续加工成最终产品打下坚实基础。通过有效的半成品保藏技术,果蔬加工行业能够确保原料的稳定供应,提高生产效率,同时保持产品的优良品质。

(1)盐腌。盐腌是一种古老而有效的食品保藏方法,特别适用于干果、蜜饯类原料的半成品。例如,在制作橘饼、杨梅干、青梅蜜饯和凉果等食品时,经常会采用高浓度的食盐来贮藏半成品原料。这种高盐环境可以有效地抑制微生物的生长,延长食品的保质期,同时保持食品的风味和口感。

盐腌法主要分为干腌法和湿腌法两种。干腌法适用于那些成熟度高、含水分多、易于渗透的原料。在进行干腌时,食盐用量一般为使用原料重量的14%～15%。在腌制过程中,应分批将食盐与原料混合均匀,然后分层放入腌制池中。每一层原料都要铺平并压紧,确保盐分能够均匀渗透。由于水分的重力作用,下层原料所接触的盐分较少,因此从下往上应逐层增加食盐的用量,最后在表面覆盖一层厚厚的食盐,以隔绝空气,防止氧化和微生物的污染。

在干腌过程中,还有一种常见的做法是将腌制好的半成品取出,晒干或烘干制成干坯保存。这种方法能够进一步去除原料中的水分,使产品更加耐储存,同时也为后续的加工提供了便利。

湿腌法适用于成熟度低、水分少、不易渗透的原料。在湿腌时,需要配制 10% 的食盐溶液,将果蔬完全淹没在盐水中。盐水的高渗透压能够有效地防止微生物的生长,保持果蔬的新鲜度和口感。同时,盐水还能够起到杀菌和防腐的作用,进一步延长食品的保质期。

无论是干腌法还是湿腌法,盐腌都是一种简单而有效的食品保藏方法。通过合理的腌制工艺和科学的盐分控制,可以确保果蔬半成品在贮藏过程中不会发生变质,为后续加工提供优质的原料。

(2)硫处理。新鲜的果蔬在加工过程中需要经历一系列的处理步骤,以保持其品质并延长货架期。其中,使用二氧化硫或亚硫酸处理是一种既有效又简便的方法来保存加工原料。这种方法在果蔬加工领域具有广泛的应用,特别是在那些需要长时间储存或进一步加工的原料中。

二氧化硫或亚硫酸处理的主要原理是利用其抗氧化和抗菌的特性。这些化学物质能够与果蔬中的 O_2 和微生物发生反应,从而防止果蔬的氧化和腐败。经过硫处理的果蔬不仅能够在一定程度上延长保质期,还能保持其原有的色泽和风味,为后续的加工过程提供优质的原料。

值得注意的是,尽管二氧化硫或亚硫酸处理在果蔬加工中具有诸多优点,但它并不适用于所有加工品类。特别是对于那些需要保持原始形态和口感的整形罐头,硫处理可能会对其品质产生不良影响。然而,对于其他加工品类,如蜜饯、果酱、果汁等,硫处理则是一种非常合适的选择。

在加工过程中,经过硫处理的果蔬在后续步骤中需要进行脱硫处理。脱硫是为了去除果蔬中残留的二氧化硫或亚硫酸,以确保产品的安全性和符合相关法规要求。脱硫过程通常包括清洗、浸泡、加热等步骤,具体方法因不同的加工品类和产品要求而有所差异。

(3)化学防腐。在果蔬加工行业中,为了确保半成品的品质,防止其分解变质,并抑制有害微生物的繁殖生长,应用防腐剂或结合其他措施已成为一种广泛采用的方法。这种方法尤其适用于果酱、果汁等半成品的保存。

防腐剂在此类应用中的常见选择包括苯甲酸钠和山梨酸钾。这些化学物质通过抑制微生物的生长和代谢来保持果蔬半成品的新鲜度和稳定性。然而,需要注意的是,其保存效果并非一成不变,而是受到多种因素的影响。

添加量过少可能无法达到预期的防腐效果,而添加量过多可能影响产品的口感和安全性。因此,在使用防腐剂时必须按照国家标准执行,确保添加量在安全范围内。

不同的微生物在不同的 pH 值下具有不同的生长能力。因此,通过调整果蔬汁的 pH 值可以进一步提高防腐剂的保存效果。

此外,果蔬汁中微生物的种类和数量也会对防腐剂的保存效果产生影响。如果果蔬汁中原本就存在大量的有害微生物,那么即使添加了防腐剂,也难以达到理想的保存效果。

另外,贮藏时间和贮藏温度也是不可忽视的因素。在较长的贮藏时间内,即使添加了防腐剂,果蔬半成品仍然可能出现品质下降的情况。贮藏温度过高则可能加速微生物的生长和代谢,从而影响防腐剂的保存效果。因此,建议将贮藏温度控制在 0 ~ 4℃,以最大限度地保持果蔬半成品的新鲜度和品质。

然而,尽管化学防腐剂在果蔬半成品保存中具有一定的效果,但近年来,随着消费者对食品安全和健康的关注度不断提高,许多发达国家已开始限制或禁止使用化学防腐剂来保存果蔬半成品。因此,寻找和开发更加安全、健康的保鲜技术已成为当前果蔬加工行业的重要任务。

(4)无菌大罐贮藏。无菌大罐贮藏技术,作为现代食品加工领域的一项创新技术,正逐渐在果蔬加工行业中占据重要地位。其核心原理是将经过巴氏杀菌处理的浆状果蔬半成品,在完全无菌的环境下,灌入预先经过杀菌处理的密闭大型金属容器中,并维持一定的内部气体压力。这一步骤至关重要,因为它能够有效地防止产品内部微生物的发酵和变质,从而确保产品的新鲜度和品质。

无菌大罐贮藏技术被视为一种先进的贮藏工艺,其显著优势在于能够显著减少由于传统热贮藏方式可能导致的产品质量变化。通过精确控制贮藏条件,如温度、湿度和气体成分,该技术能够保持果蔬半成品的风味和营养价值,为消费者提供高品质的产品。

对于许多加工厂来说,无菌大罐贮藏技术对于确保全年供应具有重大意义。它使工厂能够在果蔬丰收季节大量加工和贮藏半成品,以应对淡季时的市场需求。这种技术的应用不仅提高了生产效率，也降低了成本，使工厂能够更加灵活地应对市场变化。

尽管无菌大罐贮藏技术的设备投资较高，操作工艺严格，技术性强，但随着消费者对加工产品的质量要求不断提高，这一技术的应用前景仍然十分广阔。随着技术的不断发展和完善，以及操作经验的积累，无菌大罐贮藏技术将逐渐得到更广泛的应用。

我国在无菌大罐贮藏技术方面也取得了显著进展。目前，我国已经成功研制出大容器无菌贮藏设备，并成功应用于番茄酱半成品的贮藏。这一成果不仅展示了我国在食品加工技术领域的实力，也为我国果蔬加工行业的发展提供了新的动力。

（5）冷冻。在果蔬加工和贮藏领域，冷冻技术是一种常用的方法，尤其适用于那些有制冷条件的场所。当果蔬被榨成汁后，可以通过冷冻来延长保质期并保持原有的风味和营养价值。具体而言，将果汁存放在 $-4 \sim -2℃$ 的低温环境中，可以显著减缓微生物的生长和酶的活性，从而有效地防止果汁变质。

值得注意的是，虽然冷冻方法效果显著，但其成本也相对较高。首先，制冷设备的购买和维护需要一定的资金投入。其次，低温环境会消耗大量的能源来保持，进一步增加了贮藏成本。最后，冷冻和解冻过程也可能对果汁的品质产生一定影响，如色泽变化、口感下降等。因此，在选择是否采用冷冻方法时，需要综合考虑产品特性、市场需求、成本效益等多个因素。对于某些高品质、高价位的果汁产品，采用冷冻方法可能是一个合理的选择，以确保其长时间保存并满足市场需求。对于一些低成本或短期销售的产品，可能需要寻找更经济有效的贮藏方法。

（6）干制。采用干制法来贮藏果蔬半成品是一种安全、无毒且长期有效的方法。干制技术通过去除果蔬中的大部分水分，显著减小了产品的体积，使其更易于贮藏和运输。同时，由于水分含量大大降低，微生物的生长受到极大抑制，从而延长了产品的保质期。

干制的方法多种多样，包括人工干制、自然风干、晾干和晒干等。人工干制通常利用专门的干燥设备，如热风干燥机或真空干燥机，通过控制温度、湿度和空气流动来加速水分的蒸发。这种方法干燥效率高，但需要一定的设备投入。

自然风干、晾干和晒干是利用自然条件进行干燥。它们不需要额外的能源投入，成本较低，但干燥速度较慢，且受天气条件影响较大。在选择干制方法时,需要根据产品特性、生产条件和市场需求进行综合考虑。

在干制过程中,需要注意保持产品的品质和营养价值。过度的干燥可能会导致产品质地变硬、口感变差或营养损失。因此,需要掌握合适的干燥温度、时间和湿度,以确保产品的质量和口感。

当需要加工干制半成品时,只需用清水浸泡即可使其恢复一定的新鲜品质。浸泡的时间和温度需要根据产品特性和加工要求进行调整。通过浸泡,干制产品可以重新吸收水分,恢复原有的口感和营养价值,为后续加工提供优质的原料。

5.3 果蔬加工对水质的要求及处理

水是果蔬加工过程中不可或缺的重要原料,其质量直接关系到最终加工品的风味、口感和安全性。鉴于此,对果蔬加工用水进行严格的处理和监控显得尤为关键。

5.3.1 水质与加工品质量的关系

果蔬加工用水在整个加工流程中扮演着至关重要的角色,其质量和处理方式直接影响到最终产品的品质、口感以及安全性。加工用水主要分为几个用途:一部分用于洗涤原料、容器,确保原料的清洁和容器的无菌状态;另一部分用于煮制、冷却、浸漂及调制糖盐溶液,确保加工过程中的卫生和产品的口感;还有一部分用于清洗加工用具、设备、厂房以及个人卫生,维护整个加工环境的清洁与卫生;部分水被用作锅炉用水,确保生产设备的正常运行。

对于与果蔬直接接触的用水,其质量标准尤为重要。这些水必须达到饮用水标准,即水质必须完全透明,无悬浮物,无异臭味,不含致病菌、耐热性微生物及寄生虫卵,同时不能含有对人体有害、有毒的物质。此外,水中的硫化氢、氨、硝酸盐和亚硝酸盐含量也应控制在安全范围内,过多的铁、锰等可能导致加工品变色,影响外观。

在果蔬加工中,水的硬度也是一个需要关注的重要指标。硬度过大的水,其中的钙、镁离子容易与果蔬中的有机酸结合形成有机酸盐沉淀,导致制品浑浊,影响外观。因此,除了制作蜜饯制品时需要较大硬度的水质外,其他加工品一般要求使用中等硬度水或较软水。通常而言,用水硬度在 28 ~ 57mmol/L 较为适宜。

水中的其他离子和 pH 值同样对加工品质量及加工工艺条件产生影响。例如,含有较多铜离子的水会加速果蔬中维生素 C 的损失;含有较多铁离子的水会给加工品带来不愉快的铁锈味,并与单宁物质反应生成蓝绿色,使蛋白质变黑;含硫过多的水与果蔬中蛋白质结合产生硫化氢,发出臭鸡蛋气味,并腐蚀金属容器,生成黑色沉淀。

水的 pH 值一般应保持在 6.5 ~ 8.5。pH 值过低意味着水质受到严重污染,不符合卫生要求,这样的水必须经过净化处理后才能使用。否则,即使提高杀菌温度和增加杀菌时间,也很难保证产品的卫生质量。因此,对果蔬加工用水的严格处理和控制是确保产品质量和食品安全的关键环节。

5.3.2 果蔬加工用水标准

一般来说,加工用水可以源于地下深井或自来水厂。这些水源经过严格的处理和监控,其水质已经符合国家饮用水标准,因此可以直接用作果蔬加工用水。然而,如果加工用水源于江河、湖泊或水库等自然水体,情况就有所不同了。

由于自然水体的水质受到多种因素的影响,如气候变化、环境污染等,因此其水质往往难以得到保证。为了确保加工用水的安全性和卫生性,这些水源必须经过一系列的处理,如澄清、消毒和软化等。

澄清是去除水中悬浮物、泥沙等杂质的过程,可以通过沉淀、过滤等方法实现。消毒是为了杀灭水中的细菌、病毒等微生物,可以采用物理方法(如加热、紫外线照射)或化学方法(如添加消毒剂)进行。软化是降低水的硬度,去除水中的钙、镁等金属离子,以防止在加工过程中产生沉淀或影响产品质量。

在处理加工用水时,应参照《生活饮用水卫生标准》(GB 5749—2022)进行严格监控和检测。该标准是国家制定的关于生活饮用水质量的基本规范,包含了水质的各项指标和检测方法。通过遵循该标准,我们可以确保加工用水的安全性和卫生性,从而为生产高品质的果蔬加工产品提供有力保障。

5.4　果蔬加工对食品添加剂的要求

食品添加剂是指那些为了提升食品的色泽、香气、口感和整体品质,以及满足防腐和特定加工工艺需求,而有意添加到食品中的化学物质或天然物质。添加剂的使用必须严格遵循国家的相关规定和标准,确保在规定的范围内使用,且不能对加工品的营养价值和化学结构造成损害。同时,添加剂的使用也不应掩盖加工品本身的变质情况,以保障消费者的健康和安全。

5.4.1 食品添加剂的种类

食品添加剂的种类繁多,它们为食品工业的发展提供了极大的便利,不仅改善了食品的口感、色泽和外观,还满足了食品的防腐和特定加工需求。按照其来源的不同,食品添加剂可分为天然食品添加剂和化学合成食品添加剂两大类。

化学合成添加剂占据食品市场大部分,但存在安全健康疑虑。天然食品添加剂源于自然,更安全健康,能满足消费者对食品质量的要求。它们具有独特性能,如延长保质期、增添自然色泽,并具有营养保健功能等。然而,在实际应用时需考虑成本、稳定性和加工适应性。因此,食品加工中应合理选择和使用添加剂,确保食品的安全、健康和营养。

按照作用不同,食品添加剂可分为以下几种。

(1)调味剂。调味剂是食品工业中不可或缺的一部分,能显著改善食品的色、香、味,提升口感和风味,满足人们的口腹之欲。它们还能促进消化液分泌,增进食欲,为饮食体验增添乐趣。调味剂种类繁多,各具特色:食盐作为咸味剂,调节体内水分平衡和维持神经肌肉兴奋性;糖和糖精等甜味剂,提供能量和甜味;味精和鸡精等鲜味剂,增加食品鲜美感;柠檬酸和醋酸等酸味剂,常用于饮料和糖果;辣椒粉、姜粉和胡椒粉等辛香剂,赋予食品辛辣味。在食品加工中,合理选择和使用调味剂,不仅能提升食品质量,还能满足消费者对美味和健康的需求。

（2）防腐剂。防腐剂用于阻止食品、药品等的腐败,在食品工业中尤为关键。它们能抑制微生物活动,保持食品品质和营养价值,延长保质期。各国对防腐剂的使用制定了严格法规,包括允许使用的种类和最大使用量。常见的食品防腐剂有苯甲酸、山梨酸等。然而,过量使用或使用不当可能危害人体健康。因此,食品加工过程中需严格控制防腐剂添加量,确保符合法规要求。消费者在购买食品时应关注食品成分表,了解防腐剂的使用情况,确保食品安全。

（3）膨松剂。膨松剂在食品加工中特别是焙烤食品中至关重要。它们被添加到小麦粉中,受热分解产生气体,帮助面胚起发,形成疏松多孔结构,使食品膨松、柔软或酥脆。膨松剂分为碱性膨松剂和复合膨松剂。碱性膨松剂如小苏打,受热分解产生二氧化碳使面胚膨胀。复合膨松剂则包含碱性物质和酸性物质,反应速度和程度取决于酸性物质的种类。快速反应的酸性物质适用于需快速膨胀的食品,而慢速反应的酸性物质适用于高温烘焙的食品。膨松剂的选择和使用对焙烤食品的品质有重要影响。

在选择和使用膨松剂时,需要根据具体的食品生产需求和工艺条件进行综合考虑。通过合理的配方和工艺控制,可以使膨松剂在食品加工中发挥最大的作用,从而生产出口感和品质都更加优良的焙烤食品。

（4）乳化剂。乳化剂作为乳浊液的稳定剂,是食品加工中不可或缺的一类特殊表面活性剂。它们在食品加工中的作用至关重要,特别是在制作各种需要乳浊液稳定的食品时。乳化剂的工作原理是:当它们被分散在分散质的表面时,能够迅速形成一层薄膜或双电层。这层薄膜或双电层使分散相的小液滴带有电荷,从而阻止了它们之间的互相凝结。通过这种方式,乳化剂能够使乳浊液保持相对稳定的状态,防止分层或沉淀现象的发生。

乳化剂种类繁多,各有特色。卵磷脂、单硬脂酸甘油酯等常用乳化剂能稳定乳浊液,改善口感和质地。乳品、蛋等天然乳化剂不仅效果好,还富含营养。乳化剂还能防止水分流失,保持食品新鲜和弹性,并增大制品体积。

（5）酶制剂。酶制剂是食品加工中不可或缺的催化剂，来源于生物体，用于催化食品加工中的化学反应，改善加工方法和食品品质。我国已批准的酶制剂有木瓜蛋白酶、α - 淀粉酶等，分别针对蛋白质、淀粉等物质发挥特定作用。酶制剂因其生物来源，通常被认为更安全，且生物相容性高。在食品加工中，酶制剂可加速反应速率，提高效率，并优化食品的质地和口感。例如，α - 淀粉酶能使面包松软，果胶酶可提高果汁澄清度和口感。使用时需按生产需要适量添加，确保食品品质和安全。酶制剂的应用为食品加工带来了显著的改进和便利。

（6）强化剂。强化剂在食品科学中占据重要地位，旨在增加食品中的营养成分。它们源于天然或人工合成，均属天然营养素。日常食品中的营养素含量不均，且可能因加工而损失。强化剂通过添加适量营养素，弥补食品不足，提高营养价值，满足不同人群需求。它们简化膳食处理，方便人们获取所需营养，尤其适合因特殊原因无法通过正常膳食获得足够营养的人群。此外，强化剂还有防病保健功能，如钙强化牛奶预防钙缺乏，对改善健康状况至关重要。这些强化剂在提升食品营养价值和促进健康方面发挥着重要作用。

（7）增稠剂。增稠剂在食品工业中至关重要，能增加食品黏稠度或形成凝胶，改善口感，满足消费者需求。增稠剂分为天然和化学合成两类。天然增稠剂，如明胶、果胶等，源自动植物和微生物，具有天然、安全、健康的优势，且口感佳、营养丰富。化学合成增稠剂，如聚丙烯酸钠等，稳定性好、成本低，但存在安全隐患。使用时需严格控制添加量和加工条件，确保食品安全。增稠剂在食品保存、运输和食用过程中有助于保持品质。

（8）增香剂。增香剂在食品加工中不可或缺，用于增强食品的香气和香味，提高对消费者的吸引力。市场上有多种增香剂，如水溶性和油溶性香精，每种都有其独特风味。例如，橘子香精增添柑橘香，香草香精带来浓郁香草风味。在使用香精时，需注意以下几点：首先，香精应与其他原料风味相协调，避免冲突或掩盖。其次，使用后应及时密封香精容器，避免香气散失。最后，添加量应控制在规定范围内，避免风味过浓或影响健康。通过合理使用增香剂，可以有效提升食品品质和口感，满足消费者需求。

（9）抗氧化剂。抗氧化剂是食品加工和储存中的重要添加剂，能够防止食品因氧化反应而导致的品质下降。它们通过捕获和中和自由基来阻止氧化反应,保护食品免受损害。抗氧化剂分为油溶性和水溶性两类,分别适用于不同食品。它们的应用广泛,能防止食品氧化变色、保持风味和营养价值。然而,使用时需遵循商品说明书要求,避免过量或不足。同时,抗氧化剂并非万能,需结合其他措施如真空包装、低温储存等,进一步提高食品保质期和安全性。合理使用抗氧化剂是确保食品品质和安全的关键。

(10)色素。色素在食品加工中至关重要,能提升制品色泽,改善外观,增加消费者购买欲。天然色素源于植物、动物和微生物,如辣椒红素、紫甘薯色素等,色泽自然,具有营养和保健功能。人工合成色素色泽鲜艳、稳定性好、成本低,但存在健康风险,需控制添加量。除色素外,食品发色助剂、发色剂、漂白剂和加工助剂如防腐剂、乳化剂、增稠剂等也发挥作用。在食品加工中合理使用色素和添加剂,能确保食品的美观和安全,满足消费者需求。

5.4.2 食品添加剂的使用要求

食品添加剂种类繁多,每种添加剂都有其特定的使用方法和标准。为了确保食品的安全性和质量,在使用食品添加剂时需要遵循一些基本原则和要求。

(1)食品添加剂不应当被用来掩盖食品的腐败变质。腐败变质的食品已经失去了原有的营养价值和食用安全性,使用任何添加剂都无法恢复其原有的品质。因此,如果发现食品已经腐败变质,应立即予以处理,不得再使用任何添加剂进行掩盖。

(2)食品添加剂不应当被用来掩盖食品本身或者加工过程中的质量缺陷。食品的质量缺陷可能是由于原料选择不当、加工工艺不合理或储存条件不佳等原因造成的。这些问题应该通过改进生产工艺、加强原料筛选和储存管理等方式来解决,而不是依赖添加剂来掩盖。

(3)使用食品添加剂时不得有掺杂、掺假、伪造的目的。食品添加剂的添加应该是基于改善食品品质、延长保质期或满足特定工艺需求等合理目的,而不是为了降低成本、美化外观或欺骗消费者。

(4)食品添加剂的使用不应当降低食品本身的营养价值。食品的营养价值是消费者选择食品的重要因素之一,因此,在使用食品添加剂时,应尽量选择那些对食品营养价值影响较小的添加剂,并严格控制添加量。

（5）在达到预期的效果下，应尽可能降低食品添加剂在食品中的用量。这不仅可以降低生产成本，还可以减少对人体健康的潜在风险。因此，在使用食品添加剂时，需要根据食品的种类、加工工艺和储存条件等因素，合理确定添加剂的添加量和添加时机。

（6）对于食品工业加工助剂的使用，需要在生产成品时将其去除。这是因为加工助剂主要是为了改善食品的加工性能而添加的，但它们本身并不属于食品的成分。因此，在生产成品时，需要通过适当的工艺步骤将加工助剂去除，以确保食品的安全性和卫生性。当然，也有一些加工助剂在规定的条件下允许有一定的残留量，但需要严格遵循相关的标准和规定。

第6章

果蔬加工实用新技术

　　本章将全面介绍果蔬加工领域的实用新技术,涵盖鲜切果蔬、果蔬汁、果蔬干制品、果蔬罐制品、果蔬糖制品、果蔬腌制品、果蔬速冻制品以及果酒和果醋的酿造技术。针对每种加工技术,本章将详细阐述其工艺流程、质量控制要点、关键工艺参数以及常见问题与解决方法。

6.1　鲜切果蔬加工技术

鲜切果蔬是指将新鲜果蔬经过清洗、去皮、切分、修整等预处理后，直接包装成便于食用的小型产品。根据原料种类不同，鲜切果蔬可分为鲜切水果和鲜切蔬菜两大类。鲜切水果如苹果片、梨块、菠萝块等；鲜切蔬菜如胡萝卜条、黄瓜片、生菜丝等。

6.1.1 工艺流程

6.1.1.1 原料选择与预处理

（1）原料选择。应选择新鲜、成熟度高、无病虫害、无机械损伤的果蔬作为原料。同时，根据市场需求和加工要求，对原料的品种、大小、色泽等进行严格筛选。

（2）预处理。预处理包括清洗、去皮、切分、修整等步骤。清洗是去除果蔬表面尘土、农药残留及微生物污染的重要环节，一般采用流动水或高压水喷淋。去皮可手工操作，也可使用机械去皮机，根据果蔬种类和皮层厚度选择合适的去皮方法。切分需根据产品规格和消费者需求进行，切分后的果蔬块应大小均匀、形状一致。修整是去除切割过程中产生的边角料和不合格部分，以保证产品的整体质量。

6.1.1.2 护色与漂洗

切分后的果蔬因细胞结构破坏，易发生氧化褐变现象，影响产品外观和品质。因此，需采取护色措施，常用的护色剂包括柠檬酸、抗坏血酸等。护色处理后的果蔬还需进行漂洗，以去除护色剂残留和表面黏液，提高产品的清洁度和口感。

6.1.1.3 脱水与干燥

脱水是减少果蔬表面水分、防止微生物滋生的重要步骤。脱水可采用自然风干、离心脱水或真空脱水等方法。干燥是为了去除果蔬内部多余水分,提高产品的耐贮性。在干燥过程中需控制温度和时间,以免破坏果蔬的营养成分和风味。

6.1.1.4 包装与贮藏

包装是鲜切果蔬加工的最后一道工序,也是保证产品质量和延长货架期的关键。包装材料应具有良好的透气性、防潮性和阻隔性,以维持果蔬内部环境的相对稳定。常用的包装材料包括聚乙烯膜、聚丙烯膜等。

贮藏条件是影响鲜切果蔬品质的重要因素之一。一般来说,贮藏温度应控制在 0 ~ 5℃,相对湿度应保持在 85% ~ 95%。同时,应避免贮藏环境中的光照和异味污染,以保持产品的色泽和风味。

6.1.2 质量控制

6.1.2.1 微生物控制

微生物污染是鲜切果蔬加工过程中面临的主要问题之一。因此,需采取严格的卫生管理措施,包括原料清洗消毒、加工环境无菌化、操作人员卫生规范等。同时,可在包装前添加适量的防腐剂或抑菌剂,以延长产品的保质期。

6.1.2.2 营养损失控制

在加工过程中,果蔬的营养成分,如维生素 C、膳食纤维等,易发生损失。为减少营养损失,可采取低温处理、快速加工和适度包装等措施。

此外,还可通过添加抗氧化剂等方式提高产品的营养保留率。

6.1.2.3 品质监测

建立完善的品质监测体系,对鲜切果蔬的色泽、口感、风味及微生物指标进行定期检测。通过数据分析,及时调整加工工艺和贮藏条件,确保产品质量稳定可靠。

6.2 果蔬汁加工技术

6.2.1 果汁发酵饮料的加工工艺

酵母发酵果汁饮料,是通过选择新鲜成熟的水果,经过一系列加工处理,最终利用酵母菌进行发酵,生产出具有独特风味的饮料。

6.2.1.1 酵母菌发酵果汁饮料的生产

(1)工艺流程。酵母菌发酵果汁饮料生产工艺流程:原料→榨汁→澄清→接种→发酵→过滤→调配→杀菌→成品。

(2)工艺要点。

①原料及处理。挑选新鲜且成熟的水果,进行彻底的清洗并沥干。根据水果的种类,可以采取不同的方法获取果汁。例如,对于富含汁液的水果,如柑橘、猕猴桃、桃和葡萄等,可以直接压榨获取果汁。对于苹果、山楂等水果,需要先进行破碎和打浆,然后再进行压榨。得到的果汁先经过一个初步的过滤步骤,去除其中的较大颗粒和沉淀物,得到相对清澈的果汁。如果需要进一步澄清,可以根据水果种类添加适量的果胶酶或明胶进行处理。处理后的果汁会再次进行过滤,去除剩余的固体杂质,并加入适量的蔗糖以调整甜度。

②接种、发酵。在发酵阶段,可选用葡萄酒酵母、尖端酵母、啤酒酵母等不同类型的酵母菌。这些酵母菌会先进行扩大培养,然后以一定的比例接种到果汁中。在适宜的温度条件下,经过几天的发酵,果汁会产

生独特的香气和风味。发酵完成后,通过过滤得到发酵液,而未通过滤膜的残留物则富含酵母菌,可作为下一次发酵的菌种来源。

③调配、杀菌。在发酵液中加入适量的糖和其他香料,以提升口感。然后,对饮料进行高温灭菌处理,以确保产品的安全性和稳定性。这种通过酵母发酵生产的果汁饮料具有浓郁的香气和独特的口感,是传统配制饮料所无法比拟的。

6.2.1.2 乳酸菌发酵果汁饮料的生产

(1)工艺流程。乳酸菌发酵果汁饮料生产工艺流程如图 6-1 所示。

吸附剂、糖　　　　　　　乳酸菌
原料→果汁→调整→杀菌→冷却→接种、发酵→调配、灌装

图 6-1　乳酸菌发酵果汁饮料生产工艺流程

(2)工艺要点。

①原料及处理。

原料选择。首选酸度较低的成熟新鲜水果,如香蕉、柿子、枣和梨等,进行榨汁发酵。对于高酸度的水果,需采取措施降低其酸度,以创造适合乳酸菌生长的环境。

果汁制作。与酵母菌发酵果汁饮料的制汁方法相同。

果汁调整。若果汁的 pH 值低于 4.5,需通过添加特定的吸附剂(如硅藻土)来降低酸度。搅拌并静置后进行过滤,确保果汁清澈。接着加入适量的糖和乳糖,调整果汁的可溶性固形物含量,为乳酸菌的发酵提供理想条件。

果汁灭菌。果汁经过瞬时高温灭菌后,迅速冷却至适宜发酵的温度,备用。

②发酵剂制备。采用特定的乳酸菌,如嗜热链球菌和干酪乳杆菌等,进行培养。制备过程如下:将新鲜的牛乳分装至不同容器中——试管(每管 10mL)、三角瓶(分别为 500mL 和 300mL 规格)以及种子罐。对所有容器进行高温灭菌处理,115℃持续 15min。灭菌完成后,让容器自然冷却。冷却后,将选定的乳酸菌种接种到试管中的牛乳里,并在 40℃的恒温环境中进行初步培养。当试管中的牛乳凝固后,取 1% 的量接种到三角瓶中,同样在 40℃下继续培养。三角瓶中的牛乳凝固后,再取

2% ~ 3% 的量接种到种子罐中,继续在 40℃环境中培养。当种子罐中的牛乳凝固时,即表明乳酸菌已经充分繁殖,此时的凝乳即可作为生产用的发酵剂。

③接种、发酵。按照果汁总量的 3% 比例,将培养好的乳酸菌种子混入果汁中,并进行充分搅拌,之后进行封缸处理以开始发酵过程。在整个接种和发酵期间,温度需稳定在大约 35℃,为乳酸菌提供最佳的生长环境。当菌群数量增长达到 5×10^8 个 /mL 时,发酵过程结束。

④调配、灌装。当发酵过程完成后,需要对发酵液进行细致的过滤处理。随后,使用无菌水来调整滤液的酸碱度,使其 pH 值维持在 3.3 ~ 3.5。同时为了提升口感,会将糖度调整到 7% ~ 10%,并适量添加香味料以增强风味。若生产含有活菌的果汁乳酸饮料,那么在完成上述调配后应立即进行装瓶和压盖操作,并在 4℃的低温环境下进行贮藏,以保持饮料中乳酸菌的活性。若生产经过灭菌处理的果汁乳酸饮料,那么在调配完成后,会先进行高压均质处理,压力控制在 20 ~ 30MPa。之后进行装瓶和压盖,再加热到 90℃进行灭菌处理。最后经过冷却,这款灭菌果汁乳酸饮料就可以作为成品销售了。

6.2.2 蔬菜汁发酵饮料加工工艺

6.2.2.1 酵母菌发酵蔬菜汁饮料的生产

采用多种蔬菜汁作为原料,通过常规或特种酵母进行发酵,所产出的饮料被称为酵母菌发酵蔬菜汁饮料。

(1)工艺流程。酵母菌发酵蔬菜汁饮料生产工艺流程:蔬菜汁→灭菌→冷却→接种→发酵→离心→母液→加水稀释→配料、混匀→灭菌→成品。

(2)工艺要点(以麦芽汁发酵为例)。原料液准备:制备含有 40%麦芽浸出物的水溶液;灭菌与冷却:将此麦芽浸出物溶液在 90℃下进行灭菌处理,之后冷却至 35℃;酵母接种与发酵:在冷却后的麦芽汁中接种脆壁克鲁维酵母,确保酵母数量达到 5×10^6 个 /mL。然后,在 30℃的恒温环境下静置发酵 30h;发酵结果:经过上述时间的发酵,所得液体的酒精含量约为 1.2%(按体积计算),并且其 pH 值稳定在 4.0 左右;

离心分离：通过离心技术，将发酵后的液体与酵母细胞进行分离，从而获得清澈的发酵液；调配与稀释：将发酵液用三倍的水稀释，再根据口味加入适量的砂糖和香精进行调整；灭菌与包装：调配完成后，将整个混合液在 95℃ 下进行灭菌处理，最后进行包装，从而得到以麦芽汁为基础的酵母发酵饮料。

6.2.2.2 乳酸菌发酵蔬菜汁饮料的生产

采用多样化的蔬菜汁作为主要成分，辅以少量的乳制品，通过乳酸菌的发酵工艺，酿制出独特的蔬菜汁发酵饮料。

（1）工艺流程。乳酸菌发酵蔬菜汁饮料生产工艺流程：蔬菜汁→调 pH→灭菌→冷却→接种→发酵→过滤→配制→成品。

（2）工艺要点（以胡萝卜汁发酵为例）。原料准备：选取新鲜的胡萝卜汁（含糖度约为 6.0%）100 份，并加入 5 份固形物含量为 96% 的脱脂奶粉。将二者充分混合并确保溶解；酸碱度调整与灭菌：将混合液的 pH 值调至 6.5，随后在 95℃ 下进行灭菌处理；接种与发酵：待混合液冷却至 35℃ 时，接种保加利亚乳杆菌，确保菌数达到 2×10^6 个 /mL。之后，在 37℃ 的恒温环境下静置发酵大约 10h；发酵终止与过滤：当发酵液的 pH 值降至 4.0 左右时，停止发酵。随后，对发酵液进行过滤，以去除菌体；调配与灭菌：根据口味需要，向过滤后的发酵液中加入适量的砂糖和香精，并充分混合均匀。最后，再次在 95℃ 下进行灭菌处理，待冷却后，即得到胡萝卜汁发酵饮料。

6.2.2.3 酵母菌和乳酸菌混合发酵果蔬汁饮料的生产

此类饮料采用麦芽汁与多种果蔬汁作为基础原料，通过酵母菌与乳酸菌的复合发酵，打造出风味独特的饮品。

（1）工艺流程。混合发酵果蔬汁饮料生产工艺流程：配料→调节 pH→灭菌→冷却→接种→发酵→离心→配制→成品。

（2）工艺要点。原料配比：选取含有 15% 麦芽浸出物的水溶液 80 份与 20 份的番茄汁进行混合；pH 调整与灭菌：混合液使用重碳酸钙将其 pH 值调整至 6.5，随后在 95℃ 下进行高温灭菌；接种与发酵：待混合液冷却至 30℃ 后，分别接种乳酸克鲁维酵母、脆壁克鲁维酵母、嗜热链球菌以及保加利亚乳杆菌。接种完成后,将整个混合液在 30℃ 的恒温条件下静置发酵 25h;发酵结果:经过上述时间的发酵,所得液体的酒精含量约为 0.9%(按体积计算),并且其 pH 值稳定在 4.0 左右;离心与调配:发酵结束后,通过离心技术将发酵液与菌体进行分离。在分离得到的清澈液体中加入适量的砂糖和香精进行调味;灭菌与包装:将整个调配后的饮料加热到 95℃ 进行灭菌处理,待其冷却后,即可进行包装,从而得到混合菌种发酵的果蔬汁饮料成品。

6.3 果蔬干制品加工技术

6.3.1 干制工艺

6.3.1.1 工艺流程

不同产品的干制工艺不尽相同,但是其基本工艺流程大致如下:原料→挑选、整理→清洗→切分→烫漂→甩干→装盘→干燥→干制品。

6.3.1.2 原料选择

表 6-1 详细列出了各类果蔬的干制原料要求及推荐的干制品种。

表 6-1 不同果蔬干制的原料要求和适宜干制的品种

果蔬	原料要求	适宜干制品种
葡萄	无核,皮薄,充分成熟,肉质松软含糖量在 20% 以上	无核白、秋马奶子等
杏	果大色深有香气,充分成熟,含糖量高,水分少,纤维少	新疆克孜尔库曼提、河北老爷脸、铁叭嗒等
苹果	干物质含量高,大小适中,充分成熟,肉质致密,单宁含量少,皮薄心小	金冠、红星、国光、金帅
梨	香气浓郁,果心小,肉质细嫩,含糖量高,死细胞少	莲梨、茄梨、巴梨等

续表 6-1

果蔬	原料要求	适宜干制品种
蘑菇	形状整齐,无严重开伞,切口平,色泽乳白或淡黄,菇柄短,无病虫害等	白蘑菇等
马铃薯	块茎大,表皮薄,芽眼浅而小,无疮痂病和其他疣状物,肉色白或浅黄,干物质含量高,修整损耗率低,干制后复水率不低于 3 倍	青山、卵圆、白玫瑰等
洋葱	中等或大型鳞茎,颈部细小,结构紧密,皮色一致,无腐病和机械伤,干物质不低于 14%	黄皮、白球等

6.3.1.3 原料处理

（1）原料拣选与分级。

①剔除形态异常、品种混杂、成熟度不均的果蔬。

②剔除存在破损、病虫害或霉变的果蔬。

③依据果实的大小、色泽等特性进行分级,以确保加工产品的一致性和高质量。

（2）洗涤。

①使用洁净的软水对果蔬进行洗涤,去除表面的污垢和微生物。

②采用流动水或辅以振动,以增强洗涤效果,确保果蔬的清洁卫生。

（3）去皮、去核与切分。

①洗涤完毕后,进行去皮、去核操作,去除不可食用部分。

②根据加工需求进行切分,以便于后续的干燥和处理。

（4）热烫处理。

①对果品实施热烫处理,破坏其氧化酶系统,提升细胞膜通透性。

②促进细胞内水分的蒸发,加速干燥进程。

③赋予原料更佳的外观,提升产品品质。

④有效杀灭虫卵及部分微生物,提高产品的安全性。

⑤去除某些果蔬特有的不良风味,改善产品口感。

（5）硫处理。

①热烫后的果蔬需经过硫处理环节。

②硫处理能够抑制微生物活动,延长产品的保质期。

③防止原料氧化,保持产品的色泽和营养价值。

④有助于提升最终产品的营养价值,增强产品的市场竞争力。

6.3.1.4 干制方法

(1)自然干制。

①日光晒干。此法依赖于自然光照与通风条件,选择适宜的空旷地带,直接将果蔬平铺暴晒至完全干燥。

②阴干。利用自然干燥空气,通过晾架悬挂果蔬,前期辅以短暂日光照射加速水分蒸发,随后转入阴凉通风处继续阴干,此法有助于保持干制品色泽,并缩短干燥周期。

(2)人工干制。

①烘房干燥。烘房干燥凭借高效的生产能力与快速的干燥速度,成为大批量生产优选。烘房结构多样,包括直线升温式、回火升温式等多种类型,配备烘盘、照明及温湿度监测设备,确保制品质量与干燥效果。

②隧道式干燥。隧道式干燥机通过轨道输送果蔬原料,使其在隧道内与干燥介质进行热交换,实现连续或间歇干燥。根据原料特性,可选择顺流式、逆流式或混合式干燥机,并灵活调整工艺参数,以优化干燥效果。

③传输带式干燥。传输带式干燥机依据卧式或立式结构设计,依据原料种类及目标水分含量,精细调控干燥介质的温湿度与传送带速度。过程中需特别注意防止湿物料结块或堆积不均,对高淀粉或高糖原料可预先进行表面脱水处理。

④真空干燥。真空环境下进行干燥,可有效保护果蔬的色泽、风味与营养素,所得干粉溶解性佳。此方法虽设备昂贵,但特别适用于易氧化变质的果蔬原料。

⑤喷雾干燥。喷雾干燥将液态果蔬原料雾化后悬浮于热空气中迅速脱水,所得粉状产品需及时降温以防结块。此法要求原料新鲜优质,并经过热烫与均质处理,以确保干燥效果。

⑥冷冻干燥。冷冻干燥通过低温低压条件使果蔬中的冰晶直接升华,达到干燥目的。此法营养损失少,风味质地保持佳,但设备成本高,适用于小块状果蔬原料,干制品需真空充氮包装以延长保质期。冻结步骤可采用自冻法或预冻法,干燥过程中需严格控制真空室条件以确保冰晶高效升华。

6.3.2 干制后的处理工艺

果蔬干制后的处理方法主要包括以下几个方面。

（1）分级。根据果蔬干制品的大小、色泽、形状等特性进行分级，以确保产品的一致性和满足不同的市场需求。分级有助于提高产品的整体品质，并便于后续的包装和销售。

（2）均湿。果蔬干制完成后，将产品堆集起来或放在密闭的容器中，使其内部的水分达到平衡状态。减少产品在贮藏过程中因水分分布不均而导致的品质变化，提高产品的稳定性和保质期。

（3）包装。常用的包装材料包括塑料盒／袋、纸盒、木箱、纸箱、马口铁罐等。这些材料各有优缺点，如塑料袋轻便但可能不够环保，纸盒可回收但防潮性可能较差，马口铁罐则具有良好的防潮性和密封性但成本较高。包装应密封良好，以防潮、防虫、防污染。同时，包装上应标明产品名称、生产日期、保质期、贮藏条件等信息。

（4）贮藏。贮藏环境应保持干燥、阴凉、通风良好，避免阳光直射和高温环境。库房应干燥、通风良好又能密闭，具有防鼠设备，清洁卫生又能遮阴，不能同时储存潮湿物品。堆码要有通道和行距，箱与墙保持 0.3m 距离，箱与天花板保持 0.8m 距离。此外，保持一定的温湿度也是必要的。经常检查产品质量，在一定期限内组织出库销售，以确保产品的新鲜度和品质。

（5）害虫防治。果蔬干制品在贮藏过程中可能会受到蛾类（如印度谷蛾和无花果螟蛾）、甲类（如露尾虫、锯谷盗等）和壁虱类（如糖壁虱）等害虫的侵害。对此可以采用物理防治和化学防治相结合的方法。物理防治包括真空包装或充入 CO_2 等惰性气体来降低容器内的 O_2 含量，从而杀死害虫；化学防治是使用符合食品安全标准的杀虫剂进行定期处理。但需要注意的是，化学防治应谨慎使用，避免对产品和环境造成不良影响。

（6）复水。复水是干制品重新吸回水分、恢复原状的过程。食用前将干制品进行复水处理，可以恢复其原有的口感和质地。干制品复水后恢复原来新鲜状态的程度是衡量干制品品质的重要指标之一。

6.4 果蔬罐制品加工技术

果蔬类罐头主要分为水果类罐头和蔬菜类罐头两大类。

水果类罐头根据加工方法的不同,可进一步细分为糖水类水果罐头、糖浆类水果罐头、果酱类水果罐头、果汁罐头。

蔬菜类罐头根据加工方法和要求的不同,可分为清渍类蔬菜罐头、醋渍类蔬菜罐头、盐渍(酱渍)蔬菜罐头、调味类蔬菜罐头、蔬菜汁(酱)罐头。

6.4.1 工艺流程

图 6-2 所示为果蔬罐制品加工的工艺流程图。

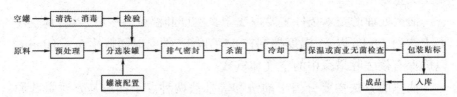

图 6-2 果蔬罐制品加工的工艺流程图

6.4.2 工艺要点

6.4.2.1 原料选择

果蔬罐头的原料选择需遵循严格的标准。对于水果原料,要求新鲜采摘,成熟度适中,形状规整,大小均匀,果肉紧实且可食用部分占比大,同时糖酸比例适中,单宁含量低。对于蔬菜原料,要求色泽鲜艳,成熟度均匀,肉质丰满,质地柔嫩细腻,纤维少,无异味,能承受高温处理。

　　罐藏果蔬原料的成熟度是一个关键指标,被称为罐藏成熟度或工艺成熟度。不同的果蔬品种对罐藏成熟度的要求各不相同。选择不当的成熟度不仅会影响最终产品的品质,还会给加工过程带来挑战,导致产品质量下滑。例如,青刀豆、甜玉米、黄秋葵等原料需要选择幼嫩、纤维少的,番茄、马铃薯等需要充分成熟。

　　为了确保加工品的质量,罐藏果蔬原料的新鲜度至关重要。从采摘到加工的时间间隔应尽可能缩短,一般不宜超过24h。特别是甜玉米、豌豆、蘑菇、石刁柏等蔬菜,更应在采摘后的 2 ~ 6h 内迅速进行加工处理。

6.4.2.2 原料预处理

　　果蔬中天然含有一定量的空气,尤其在苹果、梨、杏、草莓、菠萝等品种中更为显著。空气的存在不仅会降低罐内的真空度,还会导致果蔬密度下降,使其在罐液中上浮,影响产品的稳定性和外观。更为严重的是,果蔬中的 O_2 常常会导致产品变色、变味,组织形态受损,装罐过程变得困难,甚至可能腐蚀罐内壁。因此,在装罐之前,对果蔬进行抽空处理是至关重要的步骤。

　　抽空处理的技术条件主要取决于真空度和温度。一般来说,真空度要求达到 79kPa 以上,温度控制在 55℃ 以下,抽空时间持续 5 ~ 10min,以确保有效去除果蔬中的空气和氧气。

　　抽空的方法主要分为干抽法和湿抽法两种。干抽法是先对果蔬原料进行抽空处理,使其组织紧缩,然后再将其浸没于抽空液中,这样果蔬会吸入部分抽空液,进一步排除残留的空气。湿抽法是将原料直接浸于抽空液中,同时控制抽空液与原料的体积与质量之比为 2∶1,并在适宜的抽空条件下操作,以达到最佳的抽空效果。通过这两种方法,可以有效去除果蔬中的空气和 O_2,提高罐头的品质和稳定性。

6.4.2.3 装罐

　　(1)空罐准备。针对不同的产品,需根据罐型与涂料类型选择空罐。一般而言,低酸性果蔬产品可选用未涂料的铁罐(亦称素铁罐)。番茄制品、糖醋制品及酸辣菜等应采用抗酸涂料罐。花椰菜、甜玉米、蘑菇等,为防止硫化斑的产生,应选用抗硫涂料罐。

空罐在装罐之前,必须经过严格的清洗与蒸汽喷射消毒。清洗后不宜长时间堆放,以防灰尘与杂质再次污染。装罐前,还需对空罐进行细致的检查,确保其清洁度与完整性。

(2)灌注液的精心配制。

果蔬罐头的糖液配制。果蔬罐头所用的糖液主要为蔗糖溶液。我国生产的糖水果品罐头,开罐糖度一般要求为 14% ~ 18%。糖液的浓度需根据装罐前水果的可溶性固形物含量、每罐装入的果肉重量以及实际注入的糖液重量进行精确计算。糖液的配制可采用直接法或稀释法。直接法即根据所需糖液浓度,直接按比例取砂糖与水,加热搅拌溶解并煮沸 5 ~ 10min,以驱除砂糖中残留的二氧化硫并杀灭部分微生物,然后过滤、调整浓度。

蔬菜罐头的盐液配制。许多蔬菜制品在装罐时会加注浓度为 1% ~ 2% 的淡盐水。这不仅能改善制品的风味,还能加强杀菌与冷却期间的热传递,更好地保持制品的色泽。配制盐液的水应为纯净的饮用水,煮沸并过滤后备用。为操作方便并防止生产中的盐水与酸液外溅,有时会使用专门制作的盐片。盐片内含酸类、钙盐、EDTA 钠盐、维生素 C 以及谷氨酸钠和香辛料等,使用方便,可用专门的加片机加入每一罐中或手工加入。

(3)调味液的配制。部分蔬菜制品在装罐时还需加入调味液以增添风味。蔬菜罐头的调味液种类繁多,但配制方法主要有两种:一种是将香辛料先经熬煮制成香料水,再与其他调味料按比例混合制成调味液;另一种是将各种调味料与香辛料(可用布袋包裹,配成后连袋去除)一起混合制成调味液。

(4)装罐。装罐时,原料应根据产品质量要求,按不同大小、成熟度与形态进行分开装罐。装罐时要求重量一致,符合规定的重量标准。同时,还需严格控制顶隙(即食品表面至罐盖之间的距离),一般应保持在 4 ~ 8mm。顶隙过大可能导致内容物不足,且由于加热排气温度不足、空气残留多而造成氧化;顶隙过小可能因内容物过多,在杀菌时食物膨胀而使压力增大,造成假胖罐现象。

6.4.2.4 排气

排气是罐头生产过程中一个至关重要的步骤,它涉及利用外部力量来排除罐头产品内部的空气。这一操作能够为罐头产品创造适当的真空环境,这不仅有利于产品的保存和保质,还能有效防止氧化反应的发生。同时,排气还能避免罐头在杀菌过程中因内部过度膨胀而破坏密封的卷边,阻止微生物在罐头内的生长和繁殖,并减轻罐头内壁的氧化腐蚀。此外,真空度的形成对于罐头产品的打检以及在货架上保持质量都至关重要。

6.4.2.5 密封

密封是确保罐头真空度的关键步骤,同时它也能有效防止罐头食品在杀菌后受到外界微生物的二次污染。密封操作应在排气环节之后立即进行,以避免因积压而损失真空度。这一操作需借助封罐机来完成。金属罐的封口通常采用二重卷边结构,其详细结构和密封流程可参考《罐头工业手册》;玻璃罐有卷封式和旋开式两种,选择哪种类型取决于制品的具体要求;复合塑料薄膜袋采用热熔合的方式进行密封。

6.4.2.6 杀菌

罐制品的杀菌方法主要分为常压杀菌和高压杀菌两种。通常而言,根据罐藏食品的 pH 值来决定使用哪种杀菌方法。pH<4.5 的食品被称为酸性食品,常采用常压杀菌法;pH>4.5 的食品被称为低酸性食品,需要采用高压杀菌法。

(1)常压杀菌法。此过程通常在开口锅、水槽或蒸汽柜内进行。开始时,向设备内注入水,并加热至沸腾,然后放入罐头。此时,水温会有所下降,因此需要加大蒸汽量。当水温再次升至所需的杀菌温度时,开始计算保温时间。达到预定的杀菌时间后,进行冷却。此外,也有采用连续设备进行常压杀菌的方法,在罐头进出设备的过程中完成杀菌。

(2)高压杀菌法。此方法使用高压灭菌锅进行杀菌,杀菌温度通常超过 100℃,加热介质为高压蒸汽或高压水。在实际生产中,高压水常被用作加热介质,因为它能均匀地浸没和加热物料,并有效避免物料叠压导致的杀菌不彻底问题。高压杀菌锅应配备反压装置,该装置在杀菌保温结束时释放锅体内的压力,并同时通入高压冷空气和冷水,以保持锅体内的压力略大于包装容器内的压力,从而防止容器内压大于外压造成的胀罐或胀袋现象。

6.4.2.7 冷却

罐头在完成杀菌过程后,应迅速进行冷却处理,以防止持续的高温对产品的色泽、风味产生不良影响,避免质地变得软烂。用于冷却的水必须保持清洁卫生,以确保产品质量。

对于采用常压杀菌的罐头产品,可以直接将其放入冷水中进行冷却,使罐头的温度迅速下降。对于经过高压杀菌的罐头,需要在压力消除后取出,并在冷水中降温至 38 ~ 40℃后取出。利用罐内的余热,可以使罐外附着的水分蒸发,保持罐头的干燥。需要注意的是,如果冷却过度,附着的水分将不易蒸发,特别是罐缝中的水分难以逸出,这可能导致铁皮锈蚀,影响罐头的外观,并降低其保藏寿命。

对于玻璃罐来说,由于其导热能力较差,杀菌后不能直接置于冷水中,否则可能会因温差过大而发生爆裂。因此,玻璃罐应进行分段冷却,每次的水温变化不宜超过 20℃,以确保其安全。

某些加压杀菌的罐头,在杀菌过程中由于罐内食品受高温而膨胀,导致罐内压力显著增加。如果杀菌结束后迅速降至常压,可能会因内压过大而造成罐头变形或破裂,特别是玻璃瓶可能会出现"跳盖"现象。因此,这类罐头需要采用反压冷却方式,即在冷却时施加外部压力,使杀菌锅内的压力稍大于罐内压力。加压可以利用压缩空气、高压水或蒸汽来实现,以确保罐头的完整性和质量。

6.4.2.8 保温与商业无菌检查

为了确保罐头在货架上不会因杀菌不足而发生变质,传统的罐头工业常在冷却之后采取保温处理措施。这一操作具体是将经过杀菌和冷却的罐头放入保温室内,其中中性或低酸性罐头需在 37℃下至少保温一周,而酸性罐头则在 25℃下保温 7 ~ 10d。此后,会挑选出胀罐,再将合格的罐头装箱出厂。然而,这种方法可能会导致罐头的质地、色泽变差,风味受损。同时,一些耐热菌也可能在这种条件下增殖,从而导致产品变质。因此,这种方法并非绝对可靠。

目前,更推荐采用"商业无菌检验法"来确保罐头的质量。这种方法基于全面质量管理的理念,其主要步骤包括以下几个方面。

(1)审查生产操作记录,如空罐检验记录、杀菌记录以及冷却水的余氯量等,以确保生产过程的合规性。

(2)按照每杀菌锅抽取两罐或 0.1% 的比例进行抽样,以保证检验的代表性。

(3)对抽取的样品进行称重,以记录其质量。

(4)进行保温处理,低酸性食品在（36±1）℃下保温 10d,酸性食品在（30±1）℃下保温 10d。对于预订销往 40℃ 以上热带地区的低酸性食品,在（55±1）℃下保温 10d,以模拟实际贮存条件。

(5)开罐检查,包括留样、涂片、测定 pH 值以及进行感官检查。如果发现 pH 值或感官质量有问题,进行革兰染色和镜检,以观察细菌的染色反应、形态、特征以及每个视野中的菌数,并与正常样品进行对照,判断是否有明显的微生物增殖现象。

(6)根据检查结果进行判定。如果样品在保温试验中未出现泄漏,且经感官检验、pH 测定和涂片镜检后确证无微生物增殖现象,可报告该样品为商业无菌。反之,如果样品在保温试验中出现泄漏,且有微生物增殖现象,可报告该样品为非商业无菌。

6.4.2.9 贴标签、贮藏

经过保温处理或商业无菌检验后,若罐头未出现胀罐或其他任何腐败现象,即视为检验合格,并准备进行贴标签。在贴标签时,必须确保标签贴得紧实、端正,且表面无皱褶,以保证产品的外观质量。

一旦罐头贴上合格的标签并装箱完毕,它们将被贮藏于专门的仓库内。为了确保罐头的品质稳定,仓库的贮存条件需要严格控制,温度应保持在 10 ~ 15℃,相对湿度应维持在 70% ~ 75%。这样的贮存环境有助于延长罐头的保质期,并保持其良好的口感和营养价值。

6.5　果蔬糖制品加工技术

6.5.1 果脯蜜饯糖制品产品加工技术

蜜饯类产品,依据产地及独特风味,可细分为京式、苏式、广式、闽式等多种风格。若按照加工技艺与风味形态的差异,主要可以归纳为以下三类。

(1)干态蜜饯。此类产品经过糖渍后,再进行干燥处理。在传统上,它进一步被划分为果脯与返砂蜜饯两大系列。

①果脯系列。表面干爽,不黏腻,呈现出半透明的质感。色彩鲜亮,糖分丰富,口感柔软而富有弹性,甜中带酸,完美保留了原果的风味,如苹果脯、梨脯、桃脯、杏脯等。

②返砂蜜饯系列。表面同样干爽,覆盖着糖霜或糖衣,入口即化,甜糯松软,原果风味浓郁。橘饼、蜜枣、冬瓜条等是其中的代表。

随着健康饮食的兴起,果脯蜜饯正逐渐向低糖方向转型。因此,这两类产品之间的界限日益模糊,某些产品既可归入果脯,亦可归为蜜饯。

(2)湿态蜜饯。此类产品经过糖渍后,不进行干燥处理。表面覆盖着糖液,果实形态完整、饱满,质地或脆或软,美味可口,半透明状。糖渍板栗、蜜饯樱桃、蜜金橘等便是其中的佼佼者。

(3)凉果。这是一类以糖渍或晒干的果蔬为原料,经过清洗、脱盐、干燥、浸渍调味料,再次干燥而成的产品。由于其主要使用甘草作为甜味剂,因此也被称为甘草制品。这类产品表面干燥或半干燥,形态皱缩,集酸、甜、咸三种味道于一体,且回味悠长。话梅、九制陈皮、橄榄制品等便是其中的代表。

6.5.1.1 果脯蜜饯类糖制品加工工艺流程

果脯蜜饯类糖制品加工工艺流程如图 6-3 所示。

图 6-3　果脯蜜饯类糖制品加工工艺流程图

6.5.1.2 果脯蜜饯类糖制品加工工艺要点

（1）原料的精选与分级。选择新鲜、大小和成熟度一致的果蔬作为原料，严格剔除变质、生虫的次果。在采用级外果、落果、劣质果、野生果等时，必须在确保质量的前提下进行筛选。

（2）原料的清洁处理。原料表面的污垢和残留农药必须彻底清洗。清洗方式包括人工和机械清洗，常用的机械清洗方法有喷淋冲洗、滚筒刷洗和毛刷刷洗等。

（3）原料的预处理步骤。

①去皮、去核、切分、划线等处理。部分原料无须去皮、切分，但需进行擦皮、划线、打孔或雕刻处理，以促进糖分渗透并提升产品美观度。

②为防止褐变和糖制过程中的煮烂现象，糖制前需对原料进行护色和硬化处理。护色处理采用亚硫酸盐溶液（使用浓度为 0.1% ~ 0.15%）浸泡或用硫黄（使用量为原料的 0.1% ~ 0.2%）进行浸渍或熏蒸，以防止褐变并增强色泽。硬化处理是将原料浸泡在石灰、氯化钙、明矾等硬化剂（使用浓度为 0.1% ~ 0.5%）溶液中，以提高原料硬度，防止糖煮时煮烂。护色和硬化处理可同时进行，处理后需漂洗以去除多余硬化剂和硫化物。

③预煮处理。蜜饯加工中的预煮还有助于糖分在糖制过程中的渗透。

（4）糖制工艺。糖制是蜜饯加工的核心环节，主要包括糖渍、糖煮以及二者结合的方法。也可采用真空糖煮或糖渍，以加速渗糖并提高产品质量。

①糖渍(蜜制)方法。分次逐渐加糖,不加热,逐步提高糖浓度;在糖渍过程中取出糖液加热浓缩后回加,利用温差加速渗糖;结合日晒提高糖浓度(特别适用于凉果类);真空糖渍,降低原料内部压力以加速渗糖。糖渍方法能较好地保持原料的质地、形态和风味,但制作时间长且初期易发酵变质。

②糖煮方法。

一次煮制:适用于组织结构疏松、含水量低的原料,但加热时间长易导致原料煮烂和糖分不易渗透。

多次煮制:分 2 ~ 5 次进行,冷热交替有利于糖分渗透且组织不易干缩。

快速煮制:通过反复加热和冷却迅速完成透糖过程,时间短且可连续生产但糖用量大。

真空煮制:在真空条件下促进糖分渗透并减少加热时间,能更好地保持原料的色、香、味、质地和营养成分,但设备投资大且操作复杂。

掌握糖液浓度、温度和时间是蜜饯加工的关键。

(5)干燥与筛选。糖制达到所需含糖量后,捞起并沥去糖液,可用热水淋洗以降低黏性和利于干燥。干燥时温度控制在 60 ~ 65 ℃,期间进行换筛、翻转、回湿等控制。烘房内温度不宜过高,以防糖分结块或焦化。

(6)整理与包装。干态蜜饯成品含水量一般为 18% ~ 20%。达到干燥要求后进行回软和包装。干燥过程中果块可能变形或破裂,需进行压平处理。包装以防潮防霉为主,可采用 PE 袋或 PA/PE 复合袋进行零售包装,再用纸箱外包装。

(7)质量控制与预防措施。在果脯蜜饯加工中,操作失误或原料处理不当可能导致产品质量问题。为减少损失,可采取以下预防措施。

①控制"返砂"与"流汤"。通过调节蔗糖与转化糖的比例、掌握糖煮时间及糖液 pH 值来预防。

②防止煮烂与干缩。选择成熟度适中的原料、适当糖渍、分批加糖并逐步提高糖浓度、适当延长糖渍和糖煮时间。

③防止变色。进行护色处理、缩短糖煮时间、避免重复使用糖煮液、改善干燥条件并低温贮存。

④防止发酵与长霉。控制成品含糖量和含水量、加强卫生管理并适当添加防腐剂。

6.5.2 果酱类糖制品加工技术

果酱类产品是先将原料进行打浆或制汁处理,随后与糖混合,并经过煮制工艺,最终形成的凝胶冻状美食。在这一过程中,原料的细胞组织被完全解构,使糖分的渗透方式与蜜饯截然不同。它不是简单的糖分扩散,而是依赖于原料与糖液中水分的蒸发与浓缩。

根据原料初处理的精细程度,即基料的不同,果酱类产品可以细分为果酱、果泥、果糕、果冻以及果丹皮等多种类型。

（1）果酱。基料呈现稠状,有时也可以包含果肉碎片或块,成品并不具备固定的形状。例如,番茄酱、草莓酱等,都是果酱的典型代表。

（2）果泥。基料为糊状,要求果实必须在加热软化后进行打浆和过滤,以确保酱体的细腻口感。苹果酱、山楂酱等,都是果泥的杰出范例。

（3）果糕。果糕是将果泥与糖和增稠剂混合后,经过加热浓缩而制成的凝胶状制品,口感独特,深受喜爱。

（4）果冻。将果汁与食糖加热浓缩后制成的透明凝胶制品,晶莹剔透,口感爽滑。

（5）果丹皮。将果泥与糖混合浓缩后,通过刮片烘干制成的柔软薄片。例如,山楂片就是将富含酸分及果胶的山楂制成果泥,再经过刮片烘干后制成的干燥果片,口感酸甜可口。

果酱类产品加工技术主要依赖于果胶的胶凝特性,通过这一特性,产品呈现出特定的黏稠浆体状态。果胶的胶凝特性受其甲氧基含量的影响,甲氧基含量大于等于 7% 的果胶,被称为高甲氧基果胶,它在果胶、糖、酸达到一定比例时能够形成胶凝。通常,果胶含量约为 1%,糖的含量需超过 50%,pH 值维持在 2.0 ~ 3.5（过低的 pH 值可能导致果胶水解）,温度在 0 ~ 50℃范围内,才能有效形成凝胶。糖在这一过程中起到脱水作用,酸与果胶中的负电荷共同构成胶凝结构,如同果冻的制作原理。相反,甲氧基含量小于等于 7% 的果胶,被称为低甲氧基果胶,它需要在 Ca^{2+}、Mg^{2+} 或 Al^{3+} 的存在下才能形成凝胶,这一特性被应用于低糖果冻或果酱的生产中。

6.5.2.1 果酱类糖制品加工工艺流程

果酱类糖制品加工工艺流程如图 6-4 所示。

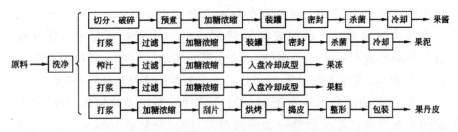

图 6-4 果酱类糖制品加工工艺流程图

6.5.2.2 果酱与果泥的加工

（1）原料的精选。原料的选择要求具有良好的色泽、香气和风味，成熟度适中，并富含果胶和酸。过度成熟的原料会导致果胶和酸含量降低，而成熟度不足的原料色泽风味欠佳，且打浆困难。原料中的果胶和酸含量应约为 1%，不足时需进行添加和调整。酸度主要通过添加柠檬酸来调节，而果胶可以使用琼脂、海藻酸钠等增稠剂来替代，或者通过加入其他富含果胶的水果来补充。

（2）原料的预处理。需要剔除霉烂、成熟度过低等不合格的原料，并进行彻底的清洗。某些原料可能还需要去皮、切分、去核、预煮和破碎等处理步骤，然后再进行加糖煮制。果泥要求质地细腻，因此在预煮后需要进行打浆、筛滤，或者在预煮前适当切分，预煮后捣成泥状再打浆，有些原料还需经过胶体磨处理以获得更细腻的质地。以果汁加糖、酸制造果冻产品时，其取汁方法与果蔬汁生产相似，但多数产品需要先进行预煮软化，以使果胶和酸充分溶出。对于汁液丰富的果蔬，在预煮时无须加水，肉质紧密的果蔬需要加入原料重量 1 ~ 3 倍的水进行预煮。

（3）加热软化处理。处理好的果块根据需要加水或加稀糖液进行加热软化，也有一小部分果实可不经软化而直接浓缩（如草莓）。在加热软化过程中，升温速度要快，通常使用沸水投料，每批的投料量不宜过多。加热时间需根据原料的种类及成熟度进行控制，以防止加热过长时间而影响产品的风味和色泽。

（4）配料的准备与调配。

① 配方设计。糖的用量与果浆（汁）的比例为 1∶1，主要使用砂糖，允许使用占总糖量 20% 的淀粉糖浆。对于低糖果浆，糖与果浆（汁）的用量比例约为 1∶0.5。由于糖浓度降低，需要添加一定量的增稠剂，常用的增稠剂是琼脂。成品总酸量控制在 0.5% ~ 1%，不足时可添加柠檬酸进行调整。成品果胶量控制在 0.4% ~ 0.9%，不足时可添加果胶或琼脂等进行补充。果肉（汁）的含量为 40% ~ 50%，砂糖的含量为 45% ~ 60%，成品含酸量为 0.5% ~ 1%，含果胶量为 0.4% ~ 0.9%。

② 配料的准备。所有配料如糖、柠檬酸、果胶或琼脂等，都应事先配制成浓溶液备用。砂糖应加热溶解并过滤，配制成 70% ~ 75% 的浓糖浆。柠檬酸应用冷水溶解并过滤，配制成 50% 的溶液。果胶粉或琼脂等应按粉量加 2 ~ 6 倍的砂糖，充分拌匀后，再以 10 ~ 15 倍的温水在搅拌下加热溶解并过滤。

（5）加热浓缩过程。将处理好的果酱投入浓缩锅中加热 10 ~ 20min，以蒸发部分水分。然后分批加入浓糖液，继续浓缩至接近终点时，按顺序加入果胶液或琼脂液、淀粉糖浆，最后加入柠檬酸液。在搅拌下浓缩至可溶性固形物含量达到 65% 即可。浓缩方法和设备包括常压浓缩和减压浓缩。在加热过程中需要不断搅拌，以防止焦底和溅出。常压浓缩的主要设备是带搅拌器的夹层锅，通过调节蒸汽压力来控制加热温度。为缩短浓缩时间并保持制品的良好品质，每锅下料量宜控制在出成品 50 ~ 60kg，浓缩时间以 30 ~ 60min 为宜。时间过长会影响果酱的色、香、味和胶凝强度；时间太短可能因转化糖不足而在贮藏期发生蔗糖结晶现象。浓缩过程中要注意不断搅拌，并可在出现大量气泡时洒少量冷水以防止汁液外溢损失。常压浓缩的缺点是温度高、水分蒸发慢、芳香物质和维生素 C 损失严重、制品色泽差。为制作优质果酱，宜选用减压浓缩法。

（6）装罐与密封。装罐前需对容器进行清洗和消毒处理。果酱类产品大多使用玻璃瓶或防酸涂料铁皮罐作为包装容器，也可使用塑料盒进行小包装；果丹皮、果糕等干态制品采用玻璃纸进行包装。果酱属于热灌装产品，在出锅后应及时快速装罐并密封，密封时的酱体温度不得低于 80℃，封罐后应立即进行杀菌和冷却处理。

（7）杀菌与冷却处理。果酱在加热浓缩过程中，大部分微生物已被杀死，且果酱高糖高酸的特性也对微生物有很强的抑制作用。卫生条件良好的生产厂家,可在封罐后倒置数分钟,利用酱体余热进行罐盖消毒。但为了安全起见,在封罐后仍需进行杀菌处理,在 90 ~ 100℃下杀菌 5 ~ 15min(具体时间依罐型大小而定)。杀菌后应立即冷却至 38℃左右,玻璃瓶罐要分段冷却,每段温差不要超过 20℃,以防炸瓶。然后用布擦去罐外水分和污物,送入仓库保存。

6.5.2.3 果冻制作

(1)原料预处理。原料需经过洗涤、去皮、切分、去心等一系列处理步骤。

(2)加热软化。此步骤旨在便于后续的打浆和取汁操作。根据原料种类,可适量加水或不加水。多汁的果蔬无须加水,肉质致密的果实,如山楂、苹果等,则需加入其重量 1 ~ 3 倍的水。软化时间控制在 20 ~ 60min,以煮后便于打浆或取汁为原则。

(3)打浆与取汁。果酱可进行粗打浆处理,果浆中可保留部分果肉。取汁时,果肉打浆不宜过细,以免影响取汁效果。取汁可采用压榨机榨汁或浸提法取汁。

(4)加糖浓缩。在添加配料前,需对制得的果浆和果汁进行 pH 和果胶含量测定。形成果冻凝胶的适宜 pH 为 3 ~ 3.5,果胶含量为 0.5% ~ 1.0%。如含量不足,可适当加入果胶或柠檬酸进行调整。一般果浆与糖的比例为 1∶(0.6 ~ 0.8)。浓缩至可溶性固形物含量达 65% 以上,沸点温度达 103 ~ 105℃。

(5)冷却成型。将浓缩至终点的黏稠浆液倒入容器中,冷却后即可形成果冻。

6.5.2.4 果酱加工质量控制及预防措施

果酱加工中易出现的质量问题及相应的预防措施如下。

(1)液汁分泌问题。

①产生原因。主要包括果块软化不充分、浓缩时间短或果胶含量低导致胶凝形成不良。影响凝胶强度的因素有果胶分子量、果胶甲酯化程度、pH 以及温度等。高甲氧基果胶凝胶形成的条件为糖 65% ~ 70%,pH 2.8 ~ 3.3,果胶 0.6% ~ 1%。

②预防措施。确保原料充分软化,使原果胶水解而溶出果胶;对果胶含量低的原料可适当增加糖量;添加果胶或其他增稠剂以增强凝胶作用。

（2）变色问题。

①变色原因。由于单宁和花色素的氧化、金属离子引起的变色、糖和酸及含氮物质的作用引起的变色以及糖的焦化等。

②预防措施。加工操作需迅速,碱液去皮后务必洗净残碱并迅速预煮以破坏酶的活性;加工过程中防止与铜、铁等金属接触;尽量缩短加热时间,浓缩过程中不断搅拌以防止焦化;浓缩结束后迅速装罐、密封、杀菌和冷却,并控制贮藏温度在20℃左右。

（3）糖结晶问题。

①糖结晶原因。主要是含糖量过高导致酱体中的糖过饱和,或果酱中转化糖含量过低。

②预防措施。严格控制含糖量不超过63%,并确保其中转化糖不低于30%。也可用淀粉糖浆代替部分砂糖,一般为总加糖的20%。

（4）发霉变质问题。

①发霉变质原因。主要包括原料霉烂严重、加工和贮藏卫生条件差、装罐时瓶口污染、封口温度低或不严密以及杀菌不足等。

②预防措施。严格分选原料并剔除霉烂部分;原料库房需严格消毒并保持良好通风以防止长霉;原料需彻底清洗并进行必要的消毒处理;加强车间、器具和人员的卫生管理;装罐时严防瓶口污染,并对瓶子和盖子进行严格消毒;果酱装罐后密封温度需大于80℃并确保封口严密;杀菌必须彻底并合理选择杀菌和冷却方式。

6.6 果蔬腌制品加工技术

6.6.1 盐渍菜加工工艺

6.6.1.1 工艺流程

盐渍菜是利用高浓度的食盐腌制成的菜,工艺流程如图 6-5 所示。

原料选择 → 清洗 → 切条 → 晾晒、盐渍 → 装坛 → 检验 → 成品

图 6-5 盐渍菜加工工艺流程

6.6.1.2 多轮盐渍菜发酵的加工工艺要点

(1)初始装池。精选新鲜蔬菜,层层铺设于盐渍池中,每层厚度严格控制在 20cm 以内,同时均匀撒布食盐,确保盐的总量达到蔬菜总质量的 15%,以充分腌制。

(2)二次投料与封池。待池中蔬菜发酵至酸度介于 0.35% ~ 0.45% 时,再次向池中添加新鲜蔬菜与适量食盐,重复先前的铺层与撒盐操作,直至满池,随后严密封闭盐渍池,以促进进一步的发酵过程。

(3)翻池与补料。随着发酵的深入,当池内蔬菜酸度达到 0.55% ~ 0.65% 时,需进行翻池操作。首先,向池中注入约占总体积 4% ~ 5% 的发酵液,随后将已发酵的蔬菜移至池底,上方覆盖新鲜蔬菜与食盐,继续密封,以确保发酵均匀进行。

(4)成熟盐渍菜的分装。当蔬菜酸度提升至 0.95% ~ 1.05%,标志着盐渍菜已趋成熟。此时,需再次翻池,选取池中下部的成熟盐渍菜进行分装。整个加料过程中,遵循"一层盐、一层菜"的原则,池底初始铺设 5% 的盐,随后逐层添加蔬菜与盐,直至池满,并在顶层额外覆盖 15%

的盐,以确保腌制效果。

（5）发酵液净化处理。针对发酵过程中产生的发酵液,需进行精细化处理。首先,通过加入发酵液总量0.1%～0.5%的活性炭进行初步净化,随后依次通过过滤与硅藻土过滤(各占发酵液总量的0.1%～0.5%),以彻底清除杂质,保证发酵液的质量。

（6）循环发酵管理。对于池中中上部已发酵但未完全成熟的盐渍菜,可将其移至另一盐渍池的底部,再次加入新鲜发酵液、蔬菜与食盐,重复上述发酵流程,形成循环发酵体系,以最大化利用资源并提升整体发酵效率。

6.6.2 酱菜加工工艺

6.6.2.1 工艺流程

酱菜制作的工艺流程如图6-6所示。

原料选择 → 原料预处理 → 盐腌 → 切制加工 → 脱盐 → 压榨脱水 → 酱制 → 成品

图6-6　酱菜制作的工艺流程

6.6.2.2 黄豆芽酱腌菜的工艺要点

（1）原料精选。挑选出长度为5～6cm的鲜嫩黄豆芽,确保原料的新鲜度与品质。

（2）高温杀青。将黄豆芽置于95～100℃的高温水中进行快速杀青处理,杀青时间依据季节调整,冬季约为10s,夏季则延长至30s,以确保豆芽均匀受热后迅速冷却至室温,保持其脆嫩口感。

（3）调味盐渍。杀青后的黄豆芽需进行盐渍处理,此过程中至少需加入五香粉、辣椒油、醋或泡山椒水中的一种调味料,盐渍时间控制在2～3h,以使黄豆芽充分吸收调味品的风味。

（4）脱水处理。利用重力压榨的方法对盐渍后的黄豆芽进行脱水,去除多余水分,为后续加工作准备。

（5）拌料调味。脱水完成后,根据口味需求,将黄豆芽与香辣味、酸辣味或山椒味等调味料进行充分拌匀,使每一根豆芽都能裹上浓郁的酱料。

（6）真空包装与灭菌。将拌制好的黄豆芽装入专用包装袋中,进行真空密封处理,以隔绝空气,延长保质期。接着,在 85 ～ 95℃的温度下进行巴氏灭菌处理,持续 20 ～ 30min,确保产品达到商业无菌标准。

（7）冷却贮藏。灭菌完成后,将产品迅速冷却至适宜温度,并进行装箱封存,以便长期储存与运输。

6.6.3 泡菜的加工工艺

6.6.3.1 泡菜的传统生产

（1）工艺流程。泡菜的传统生产工艺流程如图 6-7 所示。

$$2\% \sim 6\% \text{ 食盐水} \qquad 2\% \sim 10\% \text{ 食盐水}$$
$$\downarrow \qquad\qquad \downarrow$$
$$\text{生鲜蔬菜} \rightarrow \text{挑选} \rightarrow \text{洗净} \rightarrow \text{出坯} \rightarrow \text{泡制} \rightarrow \text{出坛} \rightarrow \text{泡菜}$$
$$20\% \sim 30\% \text{ 老盐水、香料包}$$

图 6-7 泡菜的传统生产工艺流程

（2）工艺要点。

①原料的选择。适用于泡菜制作的蔬菜种类众多,包括根茎类、叶菜类、果实类以及花菜类等。优质的选择应是肉质饱满、结构细密且质地脆嫩的蔬菜。务必确保原料新鲜、适度鲜嫩,且无破损、无霉病及无虫害。

②泡菜容器——泡菜坛。泡菜坛通常由陶土经过烧制上釉而成,形状中间较粗,两端较细。其特别之处在于坛口设计有用于水封的水槽,深度在 5 ～ 10cm。此外,也可选择玻璃钢或特殊涂料处理的铁质容器,但必须确保所用材料的卫生安全,不能与泡菜盐水或蔬菜产生化学反应。使用前,应彻底清洗并检查泡菜坛。主要检查两点:一是坛子是否有漏气、裂缝或砂眼;二是坛沿的水封性能是否良好,即坛盖是否能完全浸入密封水中,且水槽中的水不会渗入坛内。

③原料的预处理。在泡菜制作前,需要对原料进行适当整理,主要包括去除不可食用的部分,如老叶、黄叶或病虫害部分,然后用清水洗

涤。对于较大的蔬菜,如萝卜或莴苣,可以切成条状;辣椒可以整颗泡制;像黄瓜、冬瓜等需去籽后切成长条。处理好的蔬菜可以稍微晾晒以减少表面水分,然后即可进行泡制。

④出坯。原料在清洗后,通常需要进行初步的腌制,也称为出坯,目的是利用盐的渗透作用去除部分蔬菜中的水分,增加盐味,并防止腐败菌的滋生。腌制过程中,也会使用一些食盐,腌制时间可以从几小时到几天不等,以去除多余水分和异味。有一点需要注意,腌制过程中可能会导致营养成分流失。

⑤泡菜盐水的配制。腌制泡菜一般使用井水或自来水。盐水含盐量控制在 6% ~ 8%,使用的食盐一般为精盐,且要求食盐中的苦味物质极少。在泡制时如为了加速乳酸发酵则可加入 3% ~ 5% 浓度为 20% ~ 30% 的优质陈泡菜水和适量香辛料,以增加乳酸菌数量。此外,如为了促进发酵或调色调味,也可向泡菜中加入 3% 左右的食糖;或者为了增加风味,在制作泡菜时加入其他一些调味料,如黄酒、白酒、红辣椒、花椒、八角、橙皮等。

⑥泡制与管理。

入坛泡制。将预先准备好的食材仔细地放入泡菜坛中,确保食材填充紧密,以助于发酵和保存。当坛子填充到一半时,撒入一些香料以增加风味,然后继续添加剩余的食材。当食材装至距离坛口约 6 ~ 8cm 的位置时,使用竹片或其他工具将食材固定,避免其上浮。接着,缓缓倒入盐水,直至完全覆盖食材,盐水的液面距离坛口保持 3 ~ 5cm,这一点至关重要,因为任何露出水面的食材都可能导致变质。在泡制的 1 ~ 2d,由于食材中的水分会逐渐渗出,它们可能会下沉,此时可以根据情况适当添加更多的食材。

泡制期的发酵过程。 泡菜的泡制期根据其中微生物的活跃程度和乳酸的累积量,整个发酵过程可以分为发酵初期、发酵中期、发酵后期 3 个阶段。

发酵初期。当原料被放入坛中后,附着在原料上的微生物会立刻开始活跃并进行发酵。由于此时的环境 pH 值相对较高,且原料中仍含有一定的空气,因此,此阶段主要是一些对酸度不太敏感的微生物如肠膜明串珠菌、小片球菌、大肠杆菌以及酵母菌等比较活跃。它们会迅速进行乳酸发酵和微弱的酒精发酵,从而产生乳酸、乙醇、醋酸和二氧化碳。这一阶段的发酵以异型乳酸发酵为主导,导致环境的 pH 值逐渐降低到

4.0 ~ 4.5。同时,大量的二氧化碳被释放出来,可以在水封槽中观察到间歇性的气泡。这一阶段有助于坛内逐渐形成低氧环境,为接下来的正型乳酸发酵创造有利条件。这一阶段大约持续 2 ~ 5d,泡菜的酸度可以达到 0.3% ~ 0.4%。

发酵中期。随着乳酸的不断累积和 pH 值的进一步降低,以及低氧环境的形成,正型乳酸发酵的植物乳杆菌开始变得活跃。在这一阶段,乳杆菌的数量可以迅速增加到每毫升 $(5 ~ 10) \times 10^7$ 个,乳酸的积累量也上升到 0.6% ~ 0.8%,同时 pH 值进一步降至 3.5 ~ 3.8。此时,对酸度敏感的大肠杆菌和其他不耐酸的细菌开始大量死亡,而酵母菌的活性也受到抑制。这一阶段标志着泡菜已经完全成熟,通常持续 5 ~ 9d。

发酵后期。正型乳酸发酵在这个阶段继续进行,乳酸的积累量可以超过 1.0%。但当乳酸含量超过 1.2% 时,即使是耐酸的植物乳杆菌也会受到抑制,其数量开始下降,发酵的速度也会明显减慢甚至完全停止。

泡菜的成熟期。在泡菜的制作过程中,乳酸发酵的成熟阶段受到多种因素的影响。其中包括原料的类型、盐水的种类,以及环境温度,这些因素都会对泡菜的成熟度和口感产生显著影响。

泡制中的管理。在泡菜的泡制期间,对于腌制液的管理显得尤为重要。用于密封的水封槽中的液体通常选择清洁的饮用水或是浓度为10% 的盐水。需要特别注意的是,在发酵的后期阶段,由于气体的产生和排出,坛内可能会形成部分真空状态,可能会导致水封槽中的液体被倒吸入坛内。这种情况不仅可能引入杂菌,还会降低坛内盐水的浓度,因此建议使用盐水作为水封槽的液体。

如果选择使用清水,那么需要定期更换,以保持其清洁度。在发酵期间,建议每天揭开坛盖 1 ~ 2 次,这样可以有效防止水封槽中的液体被吸入坛内。如果选择使用盐水,那么在发酵过程中需要适当地补充盐水,以确保坛盖能够始终浸没在盐水中,从而保持良好的密封状态。

当泡菜泡制完成后,取食时要轻轻开启坛盖,以防止盐水被意外带入坛内。用于取食的筷子或夹子必须保持清洁卫生,特别要注意防止油脂等污染物进入坛内,以免影响泡菜的质量和口感。

⑦成品保存。泡菜成熟后应及时食用,以保持最佳口感。若需长期保存,应提高盐水的浓度,并加入适量的酒以保持泡菜的品质和风味。同时要确保保存容器的密封性,防止泡菜质量下降。

6.6.3.2 泡菜的工业化生产

（1）工艺流程。泡菜工业化生产的全流程可参考图 6-8。

```
              20%～30%食盐    发酵              发酵
                   ↓          ↓                 ↓
生鲜蔬菜→挑选→洗净→入池→盐腌→管理→成坯→脱盐→脱水→泡制→出坛
              泡菜成品←检验←贴标←冷却←灭菌←配制
                                              ↑
                                         调色、香、味
```

图 6-8　泡菜工业化生产工艺流程

（2）工艺要点。

①原料的选择。基于原料的储存持久性,可将泡菜原料划分为 3 类。大蒜、苦瓜和洋姜等,可腌制 1 年以上;萝卜、四季豆和辣椒等,可腌制 3～6 个月;黄瓜、莴苣和甘蓝等适合即腌即食。

②咸胚。为确保连续生产,需先用食盐对新鲜蔬菜进行保鲜处理,也就是制作咸胚,以备随时取用。在咸胚的制作过程中,采用分层撒盐法,底部撒盐 30%,中间层 60%,最表层 10%,最终达到平衡的盐水浓度为 22° Bx。

③咸胚脱盐后的处理方式。脱盐后的咸胚有两种处理方式:一是放入坛中进行泡制,随后取出进行配料;二是彻底脱盐,通过压榨或离心脱水,再加入添加剂直接进行颜色和口味的调整。

④灭菌。在泡菜工业化生产中,灭菌是至关重要的一步,它可以显著提升泡菜的保质期。通常采用巴氏灭菌法进行有效灭菌。

⑤贴标、检验。灭菌后的泡菜需要立即冷却,并贴上产品标签。在通过质量检验确认产品合格后,方可出厂销售。

6.7 果蔬速冻制品加工技术

果蔬速冻制品是指将新鲜果蔬经过预处理后,在极短时间内通过冷冻技术使产品中心温度迅速降至 −18℃以下并长期保持的一种加工食品。与传统冷冻方法相比,速冻技术能够更有效地抑制果蔬中酶的活性,减少解冻后营养物质的流失,保持果蔬的天然色泽与风味,同时延长产品的保质期。

速冻果蔬制品因其独特的优势,在市场上广受欢迎。它们不仅为消费者提供了方便快捷的食用方式,还丰富了市场供应品种,满足了不同消费群体的需求。此外,速冻果蔬制品在餐饮、食品加工及国际贸易等领域也具有广泛的应用前景。

6.7.1 工艺流程

果蔬速冻制品的加工工艺流程主要包括原料选择、预冷、清洗、切分、烫漂、沥水、速冻、包装及贮藏等环节。每个环节都至关重要,直接关系到最终产品的品质与安全性。

6.7.2 工艺要点

6.7.2.1 原料选择

原料选择是果蔬速冻制品加工的第一步,也是最为关键的一步。优质的原料是确保速冻产品品质的基础。在选择原料时,应注重果蔬的新鲜度、成熟度、品种特性及产地等因素。同时,应避免选用有病虫害、机械损伤或霉烂的果蔬作为加工原料。

对于不同种类的果蔬,其原料选择标准也有所不同。例如,在选择速冻菠菜时,应选用叶片肥厚、色泽鲜绿、无黄叶及病斑的优质菠菜;在选择速冻甜玉米时,应选用籽粒饱满、排列整齐、成熟度一致的玉米棒。

6.7.2.2 预冷

预冷是果蔬速冻前的重要步骤,目的是迅速降低果蔬的温度,减少呼吸作用及营养物质的消耗,为后续速冻处理作好准备。预冷的方法有多种,包括自然冷却、冷水浸泡、冰水喷淋及强制通风等。具体选择哪种预冷方法应根据原料特性、加工量及设备条件等因素综合考虑。

以强制通风预冷为例,该方法通过风机将冷空气吹入预冷间内,使果蔬表面的热量迅速散发到空气中,从而达到降温的目的。强制通风预冷具有降温速度快、效率高及成本较低等优点,在果蔬速冻加工中得到了广泛应用。

6.7.2.3 清洗

清洗是去除果蔬表面尘土、泥沙、农药残留及微生物污染的关键步骤。清洗方法的选择应根据原料特性及加工要求灵活确定。对于易破损或表面有绒毛的果蔬,如草莓、桃子等,应采用轻柔的清洗方式,如喷淋清洗或超声波清洗;对于表面坚硬且不易破损的果蔬,如胡萝卜、土豆等,可采用高压喷水冲洗或浸泡清洗等方法。

在清洗过程中应注意控制水温及清洗时间,避免果蔬营养成分的流失及色泽的变化。同时,清洗水应定期更换,确保清洗效果及产品的卫生质量。

6.7.2.4 切分

切分是将清洗后的果蔬按照一定规格进行切割或分级的步骤。切分便于后续烫漂、速冻及包装等处理,同时提高产品的附加值。切分的方法与规格应根据原料种类、市场需求及加工要求等因素综合考虑。

对于体积较大或形状不规则的果蔬,如苹果、梨等,可采用机械切割或手工切割的方式进行切分;对于体积小或形状规则的果蔬,如葡萄、樱桃等,可直接进行分级处理。在切分过程中应注意保持刀具的清洁卫生,避免交叉污染及果蔬表面的机械损伤。

6.7.2.5 烫漂

烫漂是通过热水或蒸汽对果蔬进行短时间加热处理的过程。烫漂的主要目的在于破坏果蔬中的酶活性,防止解冻后变色及营养物质的流失;软化果蔬组织,提高速冻效果及产品的感官品质。

烫漂的温度与时间应根据原料种类及成熟度等因素灵活确定。一般来说,烫漂温度不宜过高,时间不宜过长,以免破坏果蔬中的营养成分及色泽。在烫漂过程中,应不断搅拌果蔬原料,确保其受热均匀。烫漂结束后应立即用冷水或冷风进行冷却处理,以停止热处理作用并防止果蔬过熟。

6.7.2.6 沥水

沥水是去除烫漂后果蔬表面多余水分的步骤。沥水是否彻底直接影响到速冻效果及产品的解冻后品质。沥水的方法有多种,包括自然沥干、离心脱水及真空吸水等。具体选择哪种沥水方法应根据原料特性及设备条件等因素综合考虑。

在自然沥干过程中,可将烫漂后的果蔬放置于沥水篮或竹席上,利用自然重力作用去除多余水分;在离心脱水过程中,通过离心机的高速旋转作用将果蔬表面的水分甩出。无论采用哪种沥水方法,都应注意控制沥水时间,避免果蔬过度失水而影响品质。

6.7.2.7 速冻

速冻是果蔬速冻制品加工的核心环节。在速冻过程中,果蔬原料需在极短时间内迅速降至中心温度 -18℃以下,以最大限度地抑制酶的活性并减少解冻后营养物质的流失。速冻的方法与设备多种多样,包括隧道式鼓风冷冻机、螺旋式速冻机、平板速冻机及流态化速冻机等。

在选择速冻方法时,应综合考虑原料特性、加工量及设备成本等因素。例如,对于易黏连或形状不规则的果蔬原料,如草莓、豌豆等,可采用流态化速冻机进行处理；对于体积较大或形状规则的果蔬原料，如苹果、梨等，可采用平板速冻机或螺旋式速冻机进行处理。在速冻过程中，应严格控制冷冻介质的温度及流速，确保果蔬原料均匀快速降温。

6.7.2.8 包装

包装是果蔬速冻制品贮藏与运输过程中的重要保护屏障。合理的包装能够有效防止速冻产品解冻后变色、变质及营养损失，同时便于产品的运输与销售。包装材料的选择应根据产品的特性及市场需求等因素综合考虑。

常见的速冻果蔬包装材料包括塑料薄膜袋、铝箔袋及真空包装袋等。其中，塑料薄膜袋具有成本低、透气性好及易封口等优点；铝箔袋具有较好的避光性及隔热性；真空包装袋能有效防止产品氧化变质并延长保质期。在包装过程中，应注意控制包装内的气体成分及湿度条件，确保产品的品质与安全性。

6.7.2.9 贮藏

贮藏是果蔬速冻制品加工的最后一道工序。在贮藏过程中，应严格控制贮藏环境的温度、湿度及光照等条件，确保速冻产品的品质与安全性不受影响。一般来说，速冻果蔬应在 −18℃以下的低温条件下贮藏，以抑制微生物的繁殖并减缓产品品质的下降速度。同时，贮藏环境的湿度应适中，以防止产品解冻后变干或结块。此外，还应注意避免贮藏环境中的光照及异味对产品的影响。

6.8 果酒酿造技术

果酒的历史悠久，其酿造技术伴随着人类文明的发展而不断进步。从最初的民间传统酿造方法，到如今科技加持下的深加工工艺，果酒的制作已经发生了翻天覆地的变化。

在水果资源丰富的地区,人们很早就开始利用当地的水果制作各种果酒,如葡萄酒、杨梅酒、桃子酒和苹果酒等。传统的酿造方法主要是依靠水果表面自然生长的野生酵母菌或环境中附着的酵母菌进行发酵。这种方法虽然简单,但成功率低,酿造时间长,且容易因为菌种不纯而导致果酒腐败变质。

随着时间的推移,人们开始尝试改进酿造方法。明代时期,就已经出现了向水果中添加酒曲以促进发酵,以及将发酵好的果浆进行蒸馏制作果酒的方法。相较于传统方法,这些方法提高了果酒的质量和产量。

进入现代,科技的进步为果酒行业带来了革命性的变化。现在,果酒的制作过程已经形成了一套完整的深加工工艺,包括果子筛选、清洗、破碎、成分调整、发酵、过滤、澄清、陈酿、调配过滤、杀菌包装等多个环节。在这个过程中,人们会使用更多种类的活性酵母,以及抗氧化剂、澄清剂等技术手段,以确保果酒的品质和口感。

6.8.1 微生物技术

从目前国内果酒酿造的整体工艺来看,确实存在微生物资源稀缺的问题。大部分果酒在酿造过程中缺乏专用的微生物品种,直接影响了果酒的品质和口感。葡萄酒因拥有专业的菌株支持发酵,其品质得以保障,其他果酒因缺乏相应的微生物资源而面临挑战。

主发酵技术作为微生物技术的关键组成部分,对果酒的酿造效果至关重要。其中,温度是影响酵母菌株生产效率的关键因素。当温度较低时,酵母菌株的活性减弱,导致发酵速度变慢,效用减少。因此,在果酒酿造过程中,合理控制发酵温度是提高酿造效果的重要手段。

除了温度,pH 值也是反映发酵酵母活动、生长、繁殖的关键指标。果汁的酸碱度直接影响酵母的繁殖环境,因此,在发酵过程中需要密切监测和调控 pH 值,为酵母提供良好的生长条件。同时,发酵液的缓冲能力较弱,对 pH 值的变化敏感,因此,通过检测发酵液的 pH 值可以及时了解发酵菌的生长情况,并采取相应措施进行调整。

酵母菌的接种量也是影响发酵效果的重要因素。接种量与发酵时间成反比关系,但接种量过多会导致原料浪费,接种量过少则会延长发酵时间并增加污染风险。因此,在实际生产中,需要根据具体情况合理控制酵母菌的接种量,以达到最佳的发酵效果。

6.8.2 调酸技术

果酒的调酸技术对于提升果酒的品质和口感至关重要。随着科技的进步,调酸技术也在不断发展,为果酒酿造行业带来了更多的可能性。

目前,果酒调酸技术主要包括化学方法、微生物降解方法、电渗方法、低温冷冻等方法。其中,化学方法因其操作简便、效果显著而被广泛应用。通过使用碱性盐类,如 $K_2C_4H_4O_6$、Na_2CO_3、K_2CO_3、$KHCO_3$ 等,与果汁中的酸进行反应,可以有效地降低果酒的酸度,提高口感。在实际操作中,$KHCO_3$ 和 K_2CO_3 的降酸效果尤为突出,它们不仅能够减少滴定酸的量,还能明显中和苹果酸等有机酸。

低温冷冻方法也是一种有效的调酸技术。通过低温冷冻,可以去除果汁中的部分酸性物质,从而降低果酒的酸度。这种方法虽然操作相对简单,但可能需要较长的处理时间。

随着化工科学的不断发展,微生物降酸方法也逐渐得到广泛应用。这种方法利用微生物的代谢活动,将果汁中的酸性物质转化为其他物质,从而达到降酸的目的。这种方法具有环保、可持续等优点,但可能需要更复杂的操作条件和较长的处理时间。

以海红果为例,由于其果汁酸度高,口感偏酸,因此在酿造过程中需要重点调节酸度。通过使用 $CaCO_3$、$KHCO_3$、柠檬酸等化学试剂升高原液的 pH 值,可以为酵母发酵创造最佳环境。研究表明,将海红果原料的 pH 值调整至 3.5 左右,糖度控制在 15% 左右,可以为酵母菌提供良好的繁殖环境,从而顺利进行发酵工作。

6.8.3 澄清技术

在果酒的生产过程中,澄清是一个关键的环节。化学澄清法作为一种常见的澄清方法,通过向果汁中投放特定的化学澄清试剂,如果胶酶、明胶、壳聚糖以及硅藻土等,能够有效地去除果汁中的杂质,提高果酒的清澈度和口感。这些试剂在实际生产中表现出了显著的效果,为果酒的品质提升提供了有力支持。

一些专家认为,复合澄清剂在果酒澄清过程中具有更好的效果。复合澄清剂通常是由多种澄清剂组合而成,能够综合利用各种澄清剂的优点,达到更好的澄清效果。例如,壳聚糖作为一种天然的澄清剂,其效果优于硅藻土、明胶、果胶酶等其他澄清剂,因此在复合澄清剂中占据重要地位。

除了化学澄清法外,自然澄清法也是一种传统的澄清方法。它利用果汁中的自然沉淀物进行澄清,通过静置一段时间使杂质自然沉降。虽然这种方法操作简单,但澄清效果可能相对较慢且不稳定。因此,在实际生产中,果酒生产企业通常会根据具体情况选择适合的澄清方法,以达到最佳的澄清效果。各类澄清方法见表6-2。

表6-2 澄清方法对比

澄清方式	简介	特点
自然澄清	果酒放置一段时间后,果酒内的胶体物质、酵母等会自然沉淀到果酒底部	对果酒的风味影响最小,但澄清时间长
低温澄清	将果酒放置在4～10℃的低温环境下,静置澄清,在低温环境下会加速部分盐类的沉淀	对果酒的香味、口感影响较小;澄清时间比使用澄清剂要长,需要严格控制澄清温度
离心澄清	将果酒放入高速离心机中,转速在2000r/min以上、离心0～30min,离心可将沉淀与清液分离开	速度较快、能较好地保证酒体的色泽、风味;澄清效果一般,不如澄清剂的澄清效果好
超滤澄清	借助膜过滤设备进行澄清,将浑浊的果酒通入超滤设备,设定压力、流速,调整进样温度等	操作简单、分离程度较高、澄清时间短;需要购买专业设备
皂土澄清剂	又称膨润土,主要成分是二氧化硅、三氧化二铝、氯化钾、氯化镁等,可以吸附带正电荷的物质	成本较低时是最常用的澄清剂;使用时需提前制备,加入酒样中需要不断搅拌,操作较复杂
壳聚糖澄清剂	由几丁质经过脱乙酰获得的,具有吸附阴离子功能的聚合物	操作简单、成本低、效果好、澄清速度快;用量有一定限制
果胶酶澄清剂	主要是果胶裂解酶,酶解分解果胶,达到澄清的目的	提高色度、不改变果酒成分;但酶解需要一个良好的条件,过程较复杂,耗时长
PVPP澄清剂	交联聚乙烯吡咯烷酮,能够吸附含有氮原子非对称性共价键结合的物质	吸附过程可逆、吸附效果良好;成本较高

续表 6-2

澄清方式	简介	特点
硅藻土澄清剂	主要成分为二氧化硅,其具有很强的吸附性	成本低、澄清速度快;澄清效果较差
明胶澄清剂	由动物胶原蛋白分解制作而成,能够吸附带负电荷的物质	对果酒品质影响较小;使用后澄清效果良好,随着时间推移会逐渐产生沉淀
干酪素澄清剂	主要成分为络蛋白酸钠,能够在酸性环境下吸附物质	能吸附果酒中的色素、对果酒品质存在影响
活性炭	具有很强的吸附力,从而起到澄清的作用	较容易获得、吸附性强;对果酒的色素、色度有影响
琼脂	琼脂带负电荷,能够吸附果酒中带正电荷的物质	需配制成水溶液使用

6.8.4 杀菌技术

果酒的杀菌技术是确保果酒品质和安全的关键环节。目前,果酒行业广泛采用多种杀菌技术,每种技术都有其独特的原理和优势。

辐照杀菌技术利用 X 射线、紫外线照射或电子射线等方式杀灭细菌。这种技术具有高效、快速和无残留的优点,能够确保果酒在杀菌过程中不受污染,且能保持其原有的风味和口感。

化学杀菌方法通过在果酒酿造过程中加入适量的微生物抑制剂来实现杀菌效果。这种方法操作简便,成本较低,但需要注意的是,所添加的微生物抑制剂必须符合国家相关标准,以确保果酒的安全性和品质。

热杀菌技术中的巴氏杀灭细菌工艺是果酒生产中常用的方法。它利用超高温瞬时杀灭细菌,能够有效地杀死果酒中的微生物,保证果酒的卫生质量。同时,巴氏杀菌还能在一定程度上改善果酒的口感和风味。

微波杀菌技术是近年来发展较快的一种杀菌方法。它利用微波的热效应和非热效应杀灭细菌,具有杀菌速度快、效果好、节能环保等优点。但需要注意的是,微波杀菌技术在实际应用中还需进一步研究和优化,以确保其稳定性和可靠性。

6.8.5 物理催陈技术

物理催陈技术在提升果酒品质和缩短老化时间方面具有显著功效，目前，各类果酒中关于葡萄酒物理催陈的研究和应用较为广泛。其中，超高压、超声波、电场、红外等方法被认为是主要的催陈手段。ANTOS 等[1]试验证明超高压（300MPa，5min，20℃）可以促进葡萄酒中的氧化及缩合反应，加速葡萄酒老熟。超声波通过高频振动和空化作用来改变葡萄酒中的化学反应速率，处理后葡萄酒色泽指标上的变化与自然陈酿趋势一致。适当的超声处理（180W，20min）可有效降低葡萄酒游离花色苷含量，促进颜色转变，增大化学酒龄。高压电场在葡萄酒浸渍、微生物灭活及催陈等方面皆有所应用，WANG 等[2]试验发现电场强度为 12kV/cm，脉冲数为 300 次处理的梅尔诺葡萄酒与其自然瓶储陈酿葡萄酒有机酸含量变化趋势类似。微波处理可有效改善葡萄酒感官品质，YUAN 等[3]试验证明微波处理可以增加红葡萄酒的色度，酒中总酚、花青素、咖啡酸、丁香酸、没食子酸等与自然陈酿变化趋势相似。综上，物理催陈技术可有效提高葡萄酒陈化速率，改善其内在品质。

酿制的果酒应通过陈化以提升其品质，物理催陈技术主要通过施加外源能量以促进果酒中的物理化学反应，本书对后续的不同催陈技术方法及研究团队的异同等进行了分析，如表 6-3 所示。总的来说，上述介绍的各种物理方法均可从色泽、香气、口感等方面提升果酒品质，极大缩短了果酒陈化时间。其中，经超高压处理后葡萄酒中 11 种酚酸含

① ANTOS CM，NUNES C，FERREIRA A，et al.Comparison of high pressure treatment with conventional red wine aging processes: Impact on phenolic com position[J].Food Research International，2018，116：223-231.
② WANG X Q，SUHN，ZHANG Q H，et al.The effects of pulsed electric fields applied to red and white wines during bottle ageing on organicacid contents[J].Journal of Food Science and Technology，2015，52（1）：171-180.
③ YUANJF，LAI Y T，CHEN Z Y，et al.Microwave irradiation: effects on the change of colour chacteristics and main phenolic compounds of cabernet gernischt dry red wine during storage[J].Foods，2022，11（12）：1778.

量呈上升趋势[1][2]。然而,TAO 等[3]得出了不同的结论,这与对果酒施加的压力大小有关。各团队研究结果表明,超声波处理可促进果酒颜色转变,但对于总酚等物质的影响,研究结论并不完全相同,这与超声功率有关,以上团队研究异同产生的原因主要与处理时对果酒施加能量的大小及具体处理酒种有关。当前,许多果酒消费者与生产者对这些技术的安全性及处理结果稳定性存在担忧,因此,有必要深入研究果酒物理催陈技术的作用机理,以便更全面地评估其可行性,提高技术可信度。

同时,多种方法联合应用的复合催陈技术正逐步受到研究人员的关注,有望进一步推动果酒催陈技术的发展。如表 6-3 所示的超高压结合橡木制品陈化,利用橡木及超高压的协同作用,加速橡木成分的浸提效果,缩短陈酿时间,微氧结合超高压技术可促进果酒中的微氧化作用,进一步提高果酒陈化速率,有效减轻其涩感。以上复合催陈技术虽然展现出良好的应用前景,但目前相关研究较少,同时处理方案体系的建设也尚不够完善,科研人员应进行更深入的研究,使其更好地服务于果酒物理催陈产业。

表 6-3　不同催陈方法异同比较

催陈方法	原理	研究异同	异同原因	优点	缺点
超高压	采用 100MPa 以上的压力处理果酒,将物理能量转化为活化能	超高压处理可提高葡萄酒中多酚含量,TAO 等研究结果相反	施加的压力大小		

① 马玲君,李乐,赵芳,等.超高压处理对干红葡萄酒中 11 种酚酸的影响 [J].酿酒科技,2013(2):31-33.
② CHEN X, LIL, YOU Y, et al.The Effects of ultra-high pressure treatment on the phenolic composition of red wine[J].South African Journal of Enology and Viticulture,2016,33(2):203-213.
③ TAO Y, WU D, SUN D W, et al.Ouantitative and predictive study of the evolution of wine quality parameters during high hydrostatic pressure processing[J].Innovative Food Science and Emerging Technologies,2013,20:81-90.

续表 6-3

催陈方法		原理	研究异同	异同原因	优点	缺点
物理催陈方法	超声波	利用超声波处理产生强烈的空化作用,提高果酒中不同成分活化能	超声波处理可使果酒中花色苷含量增加,但对于总酚与黄酮类化合物含量的变化,研究结果并不相同	超声功率	缩短果酒老化时间;有效提高果酒品质;节省劳动力与储酒空间;降低企业生产成本	消费者与生产者对这些技术的安全性及处理结果稳定性存在担忧;果酒物理催陈技术的作用机理尚不明晰
	脉冲电场	对果酒短时间施加脉冲电场,使分子电离,降低反应所需的活化能	以适宜的电场强度处理果酒可显著提高其品质,反之则会产生不良影响	场强及脉冲次数		
	微波	通过微波添加外部能量,为果酒提供活化能	对于不同种类的果酒,适宜施加的微波功率并不相同,最佳处理方式需通过实验验证	微波功率		
复合催陈方法	超高压＋橡木制品	利用超高压及橡木的协同作用,加速橡木成分的浸提效果,缩短陈酿时间	经超高压结合橡木制品处理后,以较短时间(150min)便可达木桶陈酿 1 ~ 2 年的效果		进一步缩短老化时间;满足陈化中各种物质与能量需求;提高果酒品质;节省劳动力与储酒空间;降低企业生产成本	相关研究较少;处理方案体系的建设尚不够完善
	超声波＋橡木制品	利用超声波及橡木的协同作用,加速橡木成分的浸提效果,缩短陈酿时间	可改善红葡萄酒的香气结构且无感官层面的缺陷			
	超高压＋微氧	利用超高压及微氧的协同作用促进果酒中的微氧化作用	进一步提高果酒陈化速率,有效减轻其涩感			

6.9　果醋酿造技术

　　果醋是以水果为主要原料,经过醋酸菌发酵而制成的一种酸性调味品。根据原料的不同,果醋可分为苹果醋、葡萄醋、柠檬醋、菠萝醋等多种类型。这些果醋不仅保留了原料水果的营养成分和独特风味,还赋予了醋酸特有的酸味和香气,使果醋在食品、保健、美容等多个领域具有广泛的应用价值。

6.9.1 果醋酿造原料

6.9.1.1 水果选择

　　果醋酿造原料的选择至关重要,它直接影响产品的口感、风味和营养价值。一般来说,用于酿造果醋的水果应具备以下特点:一是富含糖分,以便为醋酸菌提供充足的碳源;二是风味独特,能够赋予果醋独特的风味;三是耐贮藏和运输,以保证原料的稳定供应。常见的果醋酿造原料包括苹果、葡萄、柠檬、菠萝等。

6.9.1.2 辅助材料

　　除了水果原料外,果醋酿造过程中还需使用一定量的辅助材料,如酵母、醋酸菌、糖、水等。酵母主要用于水果原料的酒精发酵阶段,将糖分转化为酒精;醋酸菌负责将酒精进一步氧化为醋酸,完成果醋的酿造过程。此外,适量的糖添加可以提高果醋的甜度和风味层次感;清洁的水源是保证果醋卫生质量的基础。

6.9.2 果醋酿造工艺

6.9.2.1 原料处理

原料处理是果醋酿造的第一步,包括水果的清洗、破碎、榨汁或打浆等步骤。清洗的目的是去除水果表面的尘土、农药残留等杂质;破碎和榨汁是为了破坏水果细胞结构,释放出细胞内的糖分和其他可溶性物质。对于某些不易榨汁的水果,可采用打浆的方式进行处理。

6.9.2.2 酒精发酵

酒精发酵是果醋酿造的关键环节之一。将处理好的果汁或果浆与一定量的酵母混合后,在适宜的温度和条件下进行发酵。在发酵过程中,酵母利用果汁中的糖分产生酒精和二氧化碳。随着发酵的进行,果汁中的糖分逐渐降低,酒精度逐渐升高。当酒精度达到一定程度时(通常为 5% ~ 8%),即可结束酒精发酵阶段。

6.9.2.3 醋酸发酵

醋酸发酵是在酒精发酵的基础上进行的。将酒精发酵液与醋酸菌混合后,在适宜的条件下进行发酵。醋酸菌利用酒精作为碳源和能源,通过氧化作用将其转化为醋酸和水。随着醋酸发酵的进行,发酵液中的醋酸浓度逐渐升高,酒精度逐渐降低。当醋酸浓度达到一定程度时(通常为 4% ~ 6%),即可结束醋酸发酵阶段。

6.9.2.4 过滤与调配

发酵结束后,需要对发酵液进行过滤处理,以去除其中的悬浮物、沉淀物等杂质。过滤后的果醋可根据需要进行调配处理,如调整酸度、甜度、色泽等。调配过程中可添加适量的糖、食用色素等辅料以改善果醋的口感和外观。

6.9.2.5 灭菌与灌装

为了保证果醋的卫生质量和延长其保质期,需要对调配好的果醋进行灭菌处理。常用的灭菌方法包括高温灭菌、巴氏杀菌等。灭菌后的果醋应立即进行灌装处理以避免二次污染。灌装过程中应确保容器的清洁度和密封性以避免果醋在贮藏过程中发生变质。

参考文献

[1] 谭飑,莫言玲.果蔬贮藏与加工 [M].北京:化学工业出版社,2024.

[2] 祝战斌,车玉红.果蔬贮藏与加工技术 [M].北京:中国农业大学出版社,2023.

[3] 张彩虹,姜鲁艳,闫圣坤,等.非耕地日光温室建造及果蔬生产加工技术 [M].北京:中国轻工业出版社,2023.

[4] 隋春光.果蔬制品深加工技术 [M].北京:中国农业出版社,2023.

[5] 赵月,孙洋.食品加工技术创新与应用 [M].延吉:延边大学出版社,2023.

[6] 胡婉峰.果蔬贮藏加工中的褐变及控制 [M].北京:中国农业出版社,2022.

[7] 曾祥奎.现代果蔬汁及其饮料生产技术 [M].南京:东南大学出版社,2022.

[8] 岳春.食品发酵技术 [M].北京:化学工业出版社,2021.

[9] 卢锡纯.园艺产品贮藏加工 [M].北京:中国轻工业出版社,2016.

[10] 祝战斌.果蔬加工技术 [M].北京:化学工业出版社,2016.

[11] 刘建学.食品保藏学 [M].北京:中国轻工业出版社,2011.

[12] 包建强.食品低温保藏学 [M].2 版.北京:中国轻工业出版社,2011.

[13] 初峰,黄莉.食品保藏技术 [M].北京:化学工业出版社,2010.

[14] 张孔海.食品加工技术概论 [M].北京:中国轻工业出版社,2012.

[15] 黄琼.食品加工技术 [M].厦门：厦门大学出版社,2012.

[16]阚建全,段玉峰,姜发堂.食品化学[M].北京：中国计量出版社,
2010.

[17] 赵国华.食品化学[M].北京：科学出版社,2014.

[18] 汪东风.食品化学[M].2 版.北京：化学工业出版社,2014.

[19]许英一.食品化学与分析[M].哈尔滨：哈尔滨工程大学出版社,
2014.

[20] 孙庆杰,李琳.食品化学[M].武汉：华中科技大学出版社,
2013.

[21] 曹凤云.食品应用化学[M].北京：中国农业大学出版社,2013.

[22] 曾名湧.食品保藏原理与技术[M].2 版.北京：化学工业出版社,
2014.

[23] 曾庆孝.食品加工与保藏原理[M].3 版.北京：化学工业出版社,
2015.

[24]卢晓黎,杨瑞.食品保藏原理[M].2 版.北京：化学工业出版社,
2014.

[25]关志强.食品冷冻冷藏原理与技术[M].北京：化学工业出版社,
2010.

[26] 李秀娟.食品加工技术[M].北京：化学工业出版社,2012.

[27] 尹明安.果品蔬菜加工工艺学[M].北京：化学工业出版社,
2010.

[28] 李海林,刘静.果蔬贮藏加工技术[M].北京：中国计量出版社,
2011.

[29]ANTOS C M, NUNES C, FERREIRA A, et al.Comparison of
high pressure treatment with conventional red wine aging processes：
Impact on phenolic com position[J].Food Research International,2018,
116：223-231.

[30]WANG X Q, SUHN, ZHANG Q H, et al.The effects of pulsed
electric fields applied to red and white wines during bottle ageing on
organicacid contents[J].Journal of Food Science and Technology,2015,
52（1）：171-180.

[31]YUAN J F, LAI Y T, CHEN Z Y, et al.Microwave irradiation：
effects on the change of colour chacteristics and main phenolic

compounds of cabernet gernischt dry red wine during storage[J].*Foods*, 2022,11（12）: 1778.

[32] 马玲君,李乐,赵芳,等.超高压处理对干红葡萄酒中 11 种酚酸的影响 [J]. 酿酒科技,2013（2）: 31-33.

[33]CHEN X, LI L, YOU Y, et al.The effects of ultra-high pressure treatment on the phenolic composition of red wine[J].South African Journal of Enology and Viticulture,2016,33（2）: 203-213.

[34]TAO Y, WU D, SUN D W, et al.Ouantitative and predictive study of the evolution of wine quality parameters during high hydrostatic pressure processing[J].Innovative Food Science and Emerging Technologies,2013,20: 81-90.